JOURNAL FÜR HIRNFORSCHUNG

Organ des Instituts für Hirnforschung und Allgemeine Biologie
in Neustadt (Schwarzwald)

Herausgegeben von

Cécile und Oskar Vogt

BAND 4 · HEFT 5 · 1959

AKADEMIE-VERLAG · BERLIN W 8

Das Journal erscheint in zwangloser Folge in Heften von verschiedenem Umfang. 6 Hefte bilden einen Band. Ein Einzelheft kostet 12,– DM, ein Band 72,– DM.

Inhalt des Heftes 5

Das „Journal für Hirnforschung" wird — wie bis 1942 das „Journal für Psychologie und Neurologie" — die Forschungsergebnisse des Institutes für Hirnforschung und allgemeine Biologie in Neustadt/Schwarzwald veröffentlichen. Im Mittelpunkt der Forschungen dieses Institutes steht die Hirnanatomie, und zwar jene Teile derselben, die die wichtigsten Erkenntnisquellen für die räumlichen Beziehungen zwischen materiellem Hirngeschehen und Bewußtseinserscheinungen darstellen. Vertiefung der architektonischen Gliederung des Gehirns, Aufdeckung des anatomischen Ausdrucks individueller Besonderheiten Gesunder, Kranker und „zurechnungsfähiger" Asozialer, Ausnutzung der pathologischen Anatomie für die Schaffung einer ätiologischen Klassifikation der sogenannten funktionellen Neurosen und Psychosen, Klärung der aufbauenden und reparatorischen Funktionen des metamitotischen Arbeitskernes der Nervenzellen: das sind gegenwärtig die Hauptforschungsgebiete des Institutes.

Bestellungen an eine Buchhandlung erbeten

Wenn Sie unsere Literatur nicht in Ihrer Buchhandlung erhalten können oder Schwierigkeiten bei der Beschaffung haben, dann wenden Sie sich bitte an eine der nachstehenden Auslieferungsstellen oder direkt an den Verlag.

Auslieferung für die Deutsche Demokratische Republik:
LKG Leipziger Kommissions- und Großbuchhandel
Leipzig C1, Leninstraße 16

Auslieferung für die Bundesrepublik:
Kunst und Wissen, Erich Bieber, Stuttgart S, Wilhelmstr. 4—6

Auslieferung für das gesamte Ausland:
Deutscher Buch-Export und -Import, GmbH,
Leipzig C 1, Postschließfach 276

*

Akademie-Verlag,
Berlin W 1, Leipziger Str. 3—4, Ruf: 220441 Sammelnummer
Telegrammadresse: Akademieverlag Berlin

Herausgeber und verantwortlich für den Inhalt: Dr. Cécile und Prof. Oskar Vogt, Institut für Hirnforschung und allgemeine Biologie, Neustadt/Schwarzwald. Verlag: Akademie-Verlag GmbH., Berlin W 1, Leipziger Str. 3—4 (Fernruf: 220441); Postscheckkonto: Berlin 35021. Bestellnummer dieses Heftes: 1018/4/5. Das „Journal für Hirnforschung" erscheint in zwanglosen Heften von verschiedenem Umfang. 6 Hefte bilden einen Band. Preis je Einzelheft 12,— DM. Ein Band 72,— DM. Satz und Druck: VEB Druckhaus „Maxim Gorki", Altenburg. Veröffentlicht unter der Lizenznummer ZLN 5029 des Ministeriums für Kultur, Hauptverwaltung Verlagswesen. Printed in Germany.

JOURNAL FÜR HIRNFORSCHUNG

BAND 4 · HEFT 5 1959

Aus dem Institut für Hirnforschung und allgemeine Biologie Neustadt/Schwarzwald (Direktor: Prof. Dr. med. O. Vogt) und dem Pathologischen Universitätsinstitut Leipzig

Die Gliazelldichte bei klinisch Gesunden und Schizophrenen

Eine quantitativ-morphologische Untersuchung unter Berücksichtigung des Gliazell-Nervenzell-Koeffizienten

Von

K.-J. Hempel und W. M. Treff

Mit 10 Abbildungen und 30 Tabellen im Text

Inhaltsverzeichnis

I. Einleitung

Im Anschluß an unsere vorausgehenden Untersuchungen, die der quantitativen Feststellung gewisser Maßzahlen für die Beurteilung gesunder und kranker Strukturen im *Supranucleus medialis-dorsalis thalami* (**Md**) dienten und die bisher nur die Nervenzellen betrafen (K.-J. Hempel und W. M. Treff 1958, W. M. Treff und K.-J. Hempel 1959), soll zur Vervollständigung des Gewebsbildes auch die dazugehörige Glia einer ebensolchen Betrachtung unterzogen werden.

Für diese Untersuchungen teilten wir das uns zur Verfügung stehende Material in 4 Vergleichsgruppen auf, die sich aus 5 Fällen klinisch Gesunder, 9 Katatonien *ohne* Schocktherapie, 3 Paranoiden ohne Schocktherapie und 5 Katatonien *mit* Schocktherapie zusammensetzten. An Hand dieser 22 Fälle wollen wir versuchen — nach Feststellung der bei klinisch Gesunden vorhandenen Gegebenheiten — die Veränderungen der Gliazelldichten, ihre individuellen Schwankungen, sowie die Struktureigenheiten bei Schizophrenen zahlenmäßig zu erfassen. Hierbei haben wir den Vorteil, daß uns in der Neustädter Sammlung sowohl *ungeschockte* als auch *geschockte* schizophrene Fälle zur Beurteilung zur Verfügung stehen.

Wenn G. B. David (1957) schreibt, „daß die im Schrifttum angeführten Gliaveränderungen entweder auf Artefakten, bzw. irrtümlichen Deutungen von zufälligen Variationen beruhen, oder möglicherweise Folgeerscheinungen von nebenherlaufenden Prozessen darstellen, die in keiner Beziehung zur Schizophrenie stehen", so wollen wir gleich anfangs hier feststellen, daß wir mittels unserer Untersuchungen keine Deutungen der pathologischen Gliaveränderungen beabsichtigen, sondern nur an Hand numerischer Maßzahlen feststellen wollen, ob sich zwischen den klinisch gesunden und den schizophren erkrankten Vergleichsgruppen statistisch gesicherte Unterschiede in bezug auf die Gliazelldichte herausarbeiten lassen. Es wird nur die Gliazellzahl betrachtet — ohne Berücksichtigung der einzelnen Gliaarten (Kryspin-Exner 1943 und 1952).

Die Bestrebungen, Gliaveränderungen quantitativ zu erfassen, stammen erst aus neuerer Zeit. So hat Ferrero (1947) das Feld 9 (Brodmann) untersucht und die Methodik der Gliaindexbestimmung (Gliazellen pro Ganglienzellen) eingeführt, um pathologische Befunde bei Psychosen erheben zu können.

Friede (1953) hat diese von Ferrero angegebene Bestimmung des Gliaindexes für subcorticale Grisea variiert, um Aufschlüsse über die physiologischen Probleme der Gliafunktion zu erhalten. Gleichzeitig vergleicht er seine Gliaindizes mit dem Gehalt von Laktoflavin, Eisen und Vitamin C innerhalb dieser Strukturen.

Haug (1958) schließlich stellte bei seinen quantitativen Untersuchungen an der Sehrinde, die sich im Gegensatz zu den Vorhergehenden nicht mit numerischen Zahlengrößen, sondern mit Volumenverhältnissen beschäftigen, fest, daß sich seine Volumenkoeffizienten bei den schizophren erkrankten Gehirnen gegenüber den klinisch Gesunden *im Durchschnitt* mit statistisch gesicherter Eindeutigkeit vergrößern. Eine bindende Aussage für den erkrankten Einzelfall konnte er nicht mit Eindeutigkeit treffen, da sie z. T. in den individuellen Schwankungsbereich seiner klinisch gesunden Gehirne fielen.

Leider lassen sich alle die hier auszugsweise angeführten quantitativen Untersuchungsergebnisse nicht miteinander vergleichen, da die Zelldichte sowohl von der Schnittdicke als auch der Zellgröße des zu vergleichenden Materials abhängig ist (s. auch Haug 1953). Weiterhin hat Ferrero ausschließlich verschiedene Krankheitsgruppen untereinander verglichen, Friede variierte die Auszählungsmethode von Ferrero und brachte einen erheblichen subjektiven Faktor mit hinein und Haug verwendete die Volumenverhältnisse im Gegensatz zu den bisher benutzten numerischen Größen.

Schließlich muß ein direkter Zahlenvergleich schon deshalb scheitern, weil die verschiedenen Autoren an architektonisch unterschiedlichen Strukturen gearbeitet haben und somit von vornherein struktur-eigentümliche Zahlenwerte in den verschiedenen Gebieten zu erwarten sind (A. H. Schroeder 1935).

II. Material und Methode

1. Material

Es wurden insgesamt 22 linke Hemisphären in frontalen Serienschnitten aus der Sammlung des Neustädter Instituts zur Untersuchung herangezogen. Die Frontalschnitte waren 20 μ dick und mit Kresylechtviolett gefärbt.

2. Die untersuchten Gehirne[1]

Die nachfolgend aufgeführten Vergleichsgruppen wurden von uns entsprechend der klinischen Diagnose zusammengefaßt.

a) klinisch Gesunde (n)

A 58 24 Jahre alter Mann. Tödlich verunglückt.

A 56 61 Jahre alter Mann. Gestorben während der operativen Behandlung wegen eines Larynxkarzinoms.

[1]) Ausführliche klinische Angaben für einen Teil der angegebenen Fälle sind in der Arbeit von Hopf (Journal f. Hirnforsch. **1**, 96 (1954/55) einzusehen.

A 61 38 Jahre alter Mann. Gestorben an nephritischen Schrumpfnieren beiderseits. Exitus nach 2tägigem Koma.

A 65 40 Jahre alte Frau. Veronalvergiftung.

E 105 $6^1/_2$ Jahre alter Knabe. Gestorben an Diphtherie.

b) Katatonien ohne Schocktherapie (S—K)

Bu 3 21 Jahre alte Stenotypistin. 4 Jahre krank.
Klinische Diagnose: *In Schüben verlaufende Katatonie,* Tod an Bronchopneumonie bei komb. Mitralvitium und Herzinfarkt.

Bu 20 26 Jahre alte Kontoristin. 8 Jahre krank.
Klinische Diagnose: *Katatonie.* Tod an Pneumonie.

Bu 1 37 Jahre alte Stenotypistin. 8 Wochen krank.
Klinische Diagnose: *Katatonie.*
(Hopf kann sich zu dieser Diagnose nicht mit Sicherheit bekennen und zieht eher eine Angstpsychose in Betracht.)

Bu 21 42 Jahre alte Frau. 6 Jahre krank.
Klinische Diagnose: *Katatonie.* Tod an Bronchopneumonie bei Kachexie.

Bu 19 44 Jahre alte Kontoristin. 15 Jahre krank.
Klinische Diagnose: *Katatonie.* Tod an hypostatischer Pneumonie.

Bu 24 29 Jahre alte Buchbinderin. 5 Jahre krank.
Klinische Diagnose: *Katatonie.* Tod an Bronchopneumonie bei Herzinsuffizienz und Kachexie.

Bu 46 19 Jahre altes Lehrmädchen. 23 Tage krank.
Klinische Diagnose: *Katatonie.* Tod an Herzmuskelentartung (?)

Bu 52 23 Jahre alter Student. 2 Jahre krank.
Klinische Diagnose: *Katatonie.* Tod bei Coxitis-Tbc. mit nachfolgender Abszedierung. (Sepsis?)

Bu 53 27 Jahre alter Arbeiter. 3—4 Jahre krank.
Klinische Diagnose: *Katatonie.* Tod an Herzmuskelentartung(?).

c) Paranoide ohne Schocktherapie (S—P)

Bu 11 64 Jahre alte Frau. 30 Jahre krank.
Klinische Diagnose: *paranoide Schizophrenie*(?). Tod an Sekundenherztod.

Bu 62 64 Jahre alte Arbeiterin. 24 Jahre krank.
Klinische Diagnose: *paranoide Schizophrenie.*

Bu 7 73 Jahre alte Frau. 24 Jahre krank.
Klinische Diagnose: *paranoide Schizophrenie.* Tod an Myocardinfarkt.

d) Katatonien mit Schocktherapie (S—K—S)

Fü 2 26 Jahre alte Frau. 12 Jahre krank.
Klinische Diagnose: *In Schüben verlaufende Katatonie.* 1945 wohl erster schizophrener Schub, sehr erregt mit religiösem Wahn. Ohne Behandlung abgeklungen. Zweiter Schub im Februar 1957. Missionsgedanken,

Angst, optische Halluzinationen, aggressiv und stark erregt. Elektroschocktherapie und Megaphen. Tod nach 7. Elektroschock durch Atemstillstand.

Fü 4 51 Jahre alte Frau. 3 Tage krank.
Klinische Diagnose: *Akute Katatonie*, Exsiccose, zentrales Fieber. Antriebslos. Neurologisch: o. B. 3 Elektroschocks.

Hö 5 35 Jahre alter Mann. 12 Jahre krank.
Klinische Diagnose: *Katatonie*.
355 Elektroschockbehandlungen. Plötzlicher Tod eine halbe Stunde nach der letzten Schockbehandlung unter den Zeichen des Kreislaufversagens (ausführliche Fallbeschreibung siehe: Oepen, H.: J. f. Hirnforschung **2**, 127 (1956).

Rab 11 24 Jahre alte Frau. 3 Jahre krank.
Klinische Diagnose: *Hebephrenie* (?).
Erster Krankenhausaufenthalt 1953/54 wegen Aggressivität. Zweiter Krankenhausaufenthalt von 1955 bis zum Exitus letalis 1956. Behandlung: Winterschlaftherapie mit Megaphen, 44 Elektroschocks und 54 Insulinschocktherapien. Beruhigungsbehandlung mit Sedaraupin. Zentraler Tod.

Ra 21 32 Jahre alter Kraftfahrer. 7 Jahre krank.
Klinische Diagnose: *Schizophrenie* (*Katatonie*) und Zustand nach lang zurückliegendem Hirntrauma. 12 Krankenhausaufenthalte. Angstvolle, mißtrauische, wahnhafte Erregungen mit Aggressionen gegen die Umgebung und die eigene Familie. Selbstmordideen. Autistisch, Nahrungsverweigung. Starrezustände mit Erinnerungslosigkeit. Wutanfälle. Akustische Halluzinationen. 23 Elektroschocks. Tod durch Pneumonie.

3. Bearbeitungsmethode

Zur Bestimmung der Gliazelldichte wurden aus jedem Nucleus (insgesamt 7 Nuclei) des *Supranucleus medialis-dorsalis thalami* (**Md**) in jeweils 30 Gesichtsfeldern die Gliazellzahlen bestimmt. Hierbei wurden die Gliazellen im einzelnen nicht nach Makro- und Mikroglia etc. differenziert. Die Untersuchung erfolgte bei 210facher Vergrößerung, wobei der Radius eines Gesichtsfeldes 0,325 mm betrug.

Wir konnten uns mit der Auszählung von 30 Gesichtsfeldern begnügen, da bei den gefundenen großen Zellzahlen die Schwankungen ihrer Konfidenzbereiche (s. u. unter 4. c)) schon bei diesen 30 Gesichtsfeldern nicht größer als $\pm 10\%$ wurden. Dies wird von uns als Kriterium für die Anzahl der zu zählenden Gesichtsfelder für die statistische Auswertung herangezogen, da man ja bei biologischem Material üblicherweise mit einem Schwankungsbereich von $\pm 10\%$ rechnen muß.

Die Schwankungen des Konfidenzbereiches um den dazugehörigen Mittelwert betragen bei unseren Untersuchungen im Durchschnitt etwa $\pm 4\%$ (das Maximum liegt bei $\pm 8\%$).

Die gefundenen Zellzahlen pro Gesichtsfeld wurden dann der statistischen Bearbeitung zugeführt, wie wir sie ausführlich im Journal für Hirnforschung **4**, 149 (1958) (K.-J. Hempel und W. M. Treff) dargestellt haben.

4. Definition einzelner Begriffe

Wir wollen an dieser Stelle nochmals kurz einzelne wesentliche Begriffe erläutern:

a) Mittlere Zellzahl pro Gesichtsfeld ($\bar{x}$)

Zur Beurteilung der Verteilung der Häufigkeiten der Zellzahlen pro Gesichtsfeld dient das arithmetische Mittel desselben, welches wir als mittlere Gliazellzahl pro Gesichtsfeld (oder kurz Gliadichte) bezeichnen. Wir haben mit ihr ein Maß für die Gliazelldichte vor uns.

Zu erwähnen sei noch, daß ihre Häufigkeitsverteilungen für die einzelnen Gesichtsfelder nach der *Gaußschen Normalverteilung* erfolgen.

b) Streuung der Gliazelldichte um den Mittelwert (s)

Eine weitere Charakterisierung des Mittelwertes erfolgt durch die Berechnung seiner Streuung. Wir benutzen hier die nach R. A. Fisher angegebene mittlere quadratische Abweichung.

Die Bedeutung der Streuung liegt darin, daß sie einen Aufschluß über die Art der Verteilung der Zellpopulation eines Gewebes gibt und somit als ein *Gewebscharakteristikum* gewertet werden kann.

c) Konfidenzbereich der Mittelwerte der Gliazelldichte

Unter dem Konfidenzbereich verstehen wir das Intervall, in welches von 100 errechneten arithmetischen Mitteln 99 fallen müssen, wenn die gleiche Anzahl von Gesichtsfeldern ausgewertet wird. (Im vorliegenden Falle also 30 Gesichtsfelder.) Alle Gliazellzahlen, die innerhalb dieses Bereiches zu liegen kommen, sind statistisch als zufällig unterschiedlich zu betrachten. Signifikante Unterschiede liegen erst zwischen den Zellzahlen vor, deren jeweilige Konfidenzbereiche nicht ineinander fallen.

d) Varianz der Gliazellzahlen (V)

Da die Streuung (s. 4. b)) in einer gewissen Abhängigkeit von der Größe des dazugehörigen Mittelwertes steht und um dieses Abhängigkeitsverhältnis etwas zu lösen, haben wir zur weiteren Gewebscharakterisierung den prozentualen Quotienten aus der Gliazellzahl (Mittelwert) und ihrer dazugehörigen Streuung gebildet. Wir bezeichnen diesen als Varianz $\left(V\% = s \cdot \frac{100}{\bar{x}}\right)$.

e) Gliazell-Nervenzell-Koeffizient $\left(\frac{\text{Gz.}}{\text{Nz.}}\right)$

Um Verschiedenheiten von Zelldichten (Nz. u. Gz.) im Gewebe mit einer Zahl erfassen zu können, bildeten wir den Quotienten aus Nervenzellzahl und

Gliazellzahl pro Gesichtsfeld desselben. Wir erwarten durch eine Änderung beider Zellzahlen eine eindeutige Verschiebung dieses Quotienten im Erkrankungsfalle.

Die Werte für die Nervenzellzahlen zur Bildung dieses Quotienten entnehmen wir unseren vorausgegangenen Arbeiten (J. f. Hirnforsch. **4**, 149, 1958) K.-J. Hempel und W. M. Treff, sowie daselbst **4**, 316 1958 (W. M. Treff und K.-J. Hempel).

5. *Tabellarische Übersicht einiger benutzter Abkürzungen*

D	Durchschnitt einer jeweils betrachteten Einheit
Gz.	Gliazellzahl — Gliadichte pro Gesichtsfeld
Md	Supranucleus medialis-dorsalis thalami[1])
Md. m	Nucleus medialis
Md. im	Nucleus intermedialis
Md. l	Nucleus lateralis
Md. dm	Nucleus dorso-medialis
Md. vm	Nucleus ventro-medialis
Md. dl	Nucleus dorso-lateralis[2])
Md. p	Nucleus posterior
μ	Genauer Durchschnittswert innerhalb des Konfidenzbereiches
n	Durchschnitt aller ,,Normalfälle"
Nz.	Zellzahl der Ganglienzellen — Nervenzelldichte pro Gesichtsfeld
S — K	Erkrankungsgruppe der ,,Katatonien"
S — P	Erkrankungsgruppe der ,,Paranoia"
S — K — S	Erkrankungsgruppe der ,,Katatonien *mit* Schocktherapie"
s	Streuung
σ	Genaue Streuung innerhalb des Konfidenzbereiches
V	Varianz
$\bar{x}$	Durchschnittswert (Zellzahl, bzw. Zelldichte)

III. Untersuchungsbefunde

A. Befunde bei klinisch Gesunden

1. Gliazelldichte

a) Die Gliazelldichte in den einzelnen Nuclei bei klinisch Gesunden (**Tabelle 1**)

Der **Md. dm** ist der Kern, der in sämtlichen untersuchten 5 Fällen fast durchgehend die geringste Gliazellzahl pro Gesichtsfeld aufzuweisen hat. Aus-

[1]) Genaue Beschreibung und nähere Einzelheiten über die neuere Gliederung des Supranucleus medialis-dorsalis thalami sind bei Namba, M. [Journal f. Hirnforsch. **4**, 1 (1948)] einzusehen.

[2]) M. Namba gliedert im Rahmen seiner Untersuchungen noch einen Subnucleus dorso-lateralis (**Md. dl**$_1$) vom **Md. dl**, der aus den gleichen Nervenzellen aufgebaut ist, ab. Der **Md. dl**$_1$ findet in der vorliegenden Betrachtung keine besondere Berücksichtigung.

genommen sind hiervon nur **A 61** und **E 105** insofern, als dort der **Md. m** die geringste Gliadichte zeigt. Betrachten wir jedoch die dazugehörigen Konfidenzbereiche, so ist festzustellen, daß die Unterschiede nur als zufällig zu betrachten sind, denn sie reichen ineinander.

Die größte Gliadichte ist fast durchgehend bei allen Fällen im **Md. l** zu finden, ausgenommen **A 65** und **E 105**, wie es auch aus der **Tabelle 1** ersichtlich ist. Bei **A 65** ist im **Md. im** die Glia am dichtesten und im **E 105** ist es im **Md. dl** der Fall. Auch hier sind die Unterschiede nicht statistisch signifikant. Die gefundenen Größen der Werte sind also als zufällig zu betrachten. Es muß hierbei erwähnt werden, daß der **Md. dl** in allen Fällen recht große Gliazelldichten aufweist.

In der **Tabelle 1** sind sämtliche Gliazahlen mit ihren Konfidenzbereichen für alle Kerne aller klinisch Gesunden aufgeführt. Aus ihr geht hervor, daß die Gliadichte in den einzelnen Kernen nur sehr selten zwischen den einzelnen Fällen statistisch eindeutige Unterschiede aufweist. Die Ausnahmen betreffen den Fall **E 105** im **Md. m**, der sich von den übrigen durch seine geringe Gliazelldichte signifikant unterscheidet und den **A 65** im **Md. im**, der eine signifikant große Zelldichte besitzt. Eine signifikant geringe Zelldichte zeigt auch der Fall **E 105** im **Md. vm**.

Zusammenfassend läßt sich für alle Nuclei in allen Fällen sagen, daß die geringste Zelldichte im **Md. m** (**E 105**) mit 120 Gliazellen pro Gesichtsfeld ($114 < \mu < 126$) festgestellt wurde und die größte Dichte im **Md. dl** (**E 105**) mit 184 Gliazellen pro Gesichtsfeld ($174 < \mu < 194$) gefunden wurde. Die Werte der übrigen Kerne liegen zwischen diesem gefundenen Minimum und Maximum.

b) Durchschnittliche gesamte Gliazelldichte in den einzelnen Nuclei bei klinisch Gesunden (**Tabelle 2**), sowie deren Population (**Tabelle 3**)

In der **Tabelle 2** haben wir die Durchschnittswerte unserer Vergleichsgruppen für jeden Kern dargestellt. Betrachten wir die Gliadichte der klinisch Gesunden, die wir dort unter der Spalte „n" finden, so erscheint der **Md. l** — wie schon aus der Betrachtung der Einzelfälle zu erwarten war — als der zelldichteste Kern (172; Konfidenzbereich: $168 < \mu < 176$). Ihm folgt statistisch nicht signifikant unterscheidbar der **Md.dl** (168; Konfidenzber.: $164 < \mu < 172$). Mit einer mittleren Zelldichte finden wir die Nuclei **Md. im**, **Md. vm** und **Md. p.** Sie unterscheiden sich alle drei untereinander nicht statistisch. Sie tun dies aber gegenüber den schon erwähnten **Md. l** und **Md. dl**, sowie auch zu den Nuclei **Md. dm** und **Md. m**. Der **Md. dm** hat unter allen Kernen die geringste Gliazelldichte (131; Konfidenzber.: $128 < \mu < 134$).

Fassen wir die einzelnen Kerne als Population des gesamten Supranucleus medialis-dorsalis auf und setzen die Summe der in den einzelnen Nuclei gefundenen Gliazelldichten (pro Gesichtsfeld) gleich 100%, so läßt sich die Gliazelldichte der einzelnen Kerne in Bruchteilen von 100 angeben. Damit erhalten wir ein klares Bild über die Gliadichte in den einzelnen Kernen.

Tabelle 1: Gliazelldichte mit Konfidenzbereichen bei klinisch Gesunden

	A 56	A 58	A 61	A 65	E 105
Md. m	132 $124 < \mu < 140$	133 $126 < \mu < 140$	136 $130 < \mu < 142$	148 $140 < \mu < 156$	120 $114 < \mu < 126$
Md. im	154 $148 < \mu < 160$	150 $144 < \mu < 156$	149 $140 < \mu < 158$	172 $162 < \mu < 182$	153 $147 < \mu < 159$
Md. l	171 $162 < \mu < 180$	170 $162 < \mu < 178$	172 $163 < \mu < 181$	162 $154 < \mu < 170$	183 $176 < \mu < 190$
Md. dm	126 $119 < \mu < 133$	123 $118 < \mu < 128$	140 $134 < \mu < 146$	139 $133 < \mu < 145$	127 $120 < \mu < 134$
Md. vm	148 $138 < \mu < 158$	163 $156 < \mu < 170$	153 $144 < \mu < 162$	161 $153 < \mu < 169$	134 $128 < \mu < 140$
Md. dl	166 $159 < \mu < 173$	162 $153 < \mu < 171$	163 $154 < \mu < 172$	165 $156 < \mu < 174$	184 $174 < \mu < 194$
Md. p	157 $150 < \mu < 164$	168 $161 < \mu < 175$	155 $149 < \mu < 161$	156 $149 < \mu < 163$	151 $144 < \mu < 158$

Tabelle 2: Durchschnittliche Gliazelldichte der einzelnen Erkrankungsgruppen mit Konfidenzbereichen

	n	S–K	S–P	S–K–S
Md. m	134 $130 < \mu < 138$	147 $145 < \mu < 149$	149 $143 < \mu < 155$	144 $140 < \mu < 148$
Md. im	156 $152 < \mu < 160$	176 $172 < \mu < 180$	180 $176 < \mu < 184$	163 $159 < \mu < 167$
Md. l	172 $168 < \mu < 176$	215 $209 < \mu < 221$	188 $182 < \mu < 194$	176 $172 < \mu < 180$
Md. dm	131 $128 < \mu < 134$	144 $141 < \mu < 147$	146 $140 < \mu < 152$	162 $156 < \mu < 168$
Md. vm	152 $148 < \mu < 156$	160 $157 < \mu < 163$	163 $157 < \mu < 169$	174 $169 < \mu < 179$
Md. dl	168 $164 < \mu < 172$	172 $169 < \mu < 175$	173 $167 < \mu < 179$	176 $173 < \mu < 179$
Md. p	157 $154 < \mu < 160$	159 $156 < \mu < 162$	180 $173 < \mu < 187$	163 $160 < \mu < 166$

Die in der **Tabelle 3** für die Nuclei aufgeführten Werte unterscheiden sich innerhalb der einzelnen Fälle nur geringfügig. Die obere Zeile in dieser Tabelle zeigt die Summen der Gliazellzahlen der einzelnen Kerne, die jeweils für den einzelnen Fall gleich 100 gesetzt wurden. Diese Werte sind nicht beobachtet, sondern errechnet worden, da wir ja bei einer 210fachen Vergrößerung nicht den gesamten Supranucleus in ein Gesichtsfeld bekommen.

Tabelle 3: Prozentuale Populationsverhältnisse der Gliazelldichten der einzelnen Nuclei in bezug auf den Supranucleus (Gesamtzellzahl = 100%) bei klinisch Gesunden

	A 56	A 58	A 61	A 65	E 105
Gesamt-zellzahl	1054	1069	1068	1103	1052
Md. m	12,5	12,5	12,7	13,3	11,4
Md. im	14,6	14,1	14,0	15,6	14,6
Md. l	16,3	15,8	16,1	14,8	17,3
Md. dm	11,9	11,5	13,0	12,6	12,1
Md. vm	14,1	15,1	14,3	14,6	12,8
Md. dl	15,8	15,3	15,3	15,0	17,4
Md. p	14,8	15,7	14,6	14,1	14,4

Tabelle 4: Streuungen der in Tabelle 1 angegebenen Gliazelldichten bei klinisch Gesunden

	A 56	A 58	A 61	A 65	E 105
Md. m	±17	±16	±12	±17	±14
Md. im	±13	±12	±20	±20	±11
Md. l	±19	±18	±18	±18	±14
Md. dm	±14	±11	±13	±13	±15
Md. vm	±21	±14	±19	±18	±12
Md. dl	±16	±20	±19	±18	±20
Md. p	±14	±15	±13	±16	±15

Tabelle 5: Varianz der Gliazellzahlen bei klinisch Gesunden (%)

	A 56	A 58	A 61	A 65	E 105
Md. m	±13	±12	± 9	±11	±12
Md. im	± 8	± 8	±13	±12	± 7
Md. l	±11	±11	±11	±11	± 8
Md. dm	±11	± 9	± 9	± 9	±12
Md. vm	±14	± 9	±12	±11	± 9
Md. dl	±10	±12	±12	±11	±11
Md. p	± 9	± 9	± 8	±10	±10

2. Streuung und Varianz der Gliazelldichte bei klinisch Gesunden (**Tabellen 4** und **5**)

Wie es die Zahlen in der **Tabelle 4** zeigen, liegen die Streuungen sämtlicher Kerne aller Fälle in einer gleichen Größenordnung. Wir haben daher auch auf die Berechnung ihrer Konfidenzbereiche verzichtet, zumal wir auch nicht die von uns im Journal für Hirnforschung **4**, Seite 160 (1958) oben angegebene Formel hierbei verwenden konnten, die nur ihre Berechtigung bei Auswertung einer größeren Anzahl von Gesichtsfeldern hat.

Tabelle 6: Gliazell-Nervenzell-Koeffizient bei klinisch Gesunden

	A 56	A 58	A 61	A 65	E 105
Md. m	2,6	2,8	3,0	3,5	2,7
Md. im	3,8	3,5	4,1	4,5	3,9
Md. l	4,6	4,1	5,1	4,0	4,5
Md. dm	2,7	2,8	3,3	3,4	3,0
Md. vm	2,9	2,9	4,0	3,7	3,2
Md. dl	4,1	4,6	4,4	4,5	4,7
Md. p	4,4	4,7	4,8	4,4	4,2

Tabelle 7: Durchschnittliche Streuungen der Gliazellzahlen bei den einzelnen Vergleichsgruppen

Nucleus	n	S—K	S—P	S—K—S
Md. m	±17	±15	±24	±20
Md. im	±19	±25	±20	±18
Md. l	±17	±35	±22	±22
Md. dm	±15	±16	±21	±28
Md. vm	±21	±17	±22	±26
Md. dl	±20	±17	±22	±19
Md. p	±16	±20	±27	±15

Tabelle 8: Durchschnittliche Varianz bei den Vergleichsgruppen (%)

	n	S—K	S—P	S—K—S
Md. m	±11,4	±9,0	±10,0	±10,0
Md. im	± 9,6	±9,1	± 9,0	±9,2
Md. l	±10,4	±8,3	± 8,3	±8,2
Md. dm	±10,0	±9,3	±10,1	±8,4
Md. vm	±11,0	±9,1	± 9,3	±8,8
Md. dl	±11,2	±8,4	± 9,0	±8,0
Md. p	± 9,2	±8,0	± 8,7	±8,0

Tabelle 9: Durchschnittliche Populationsverteilung der Gliazelldichten bei den einzelnen Vergleichsgruppen (%)

	n	S—K	S—P	S—K—S
Md. m	12,5	12,5	12,6	12,5
Md. im	14,6	15,0	15,3	14,1
Md. l	16,1	18,4	16,0	15,2
Md. dm	12,3	12,3	12,4	14,1
Md. vm	14,2	13,6	13,8	14,9
Md. dl	15,7	14,6	14,7	15,2
Md. p	14,7	13,6	15,2	14,0

Die Streuung schwankt zwischen ±11 (**Md. im, E 105** und **Md. dm, A 58**) und ±21 (**Md. vm, A 56**).

Ein zahlenmäßig klareres Bild über die Art der Verteilung der Gliazellen in den Strukturen der Nuclei vermittelt uns die **Tabelle 5**, in der die Varianzen der Gliazelldichten aufgetragen sind. Sie schwanken zwischen einem Minimum von ±7% (**Md. im, E 105**) und einem Maximum von ±14% (**Md. vm, A 56**).

3. Der Gliazell-Nervenzell-Koeffizient bei klinisch Gesunden (**Tabelle 6**)

In der Erwartung, daß normalerweise das Verhältnis zwischen der Anzahl der Gliazellen und Nervenzellen innerhalb einer bestimmten Kernstruktur ein charakteristisches ist, wurde der Quotient aus der Gliazelldichte und Nervenzelldichte pro Gesichtsfeld gebildet. Da immer eine größere Gliadichte als Nervenzelldichte in den Kernen festgestellt wurde, setzten wir diese in den Nenner des Quotienten, um eine möglichst große Zahl zu erhalten.

In der **Tabelle 6** sind die Koeffizienten für die einzelnen Kerne aller klinisch gesunden Fälle aufgeführt. Es zeigt sich, daß dieses Verhältnis bei allen Fällen für die einzelnen Kerne ein recht konstantes ist.

Der **Md. l** und **Md. dl** haben fast durchweg den größten Quotienten. Von diesen beiden Kernen kaum different verhält sich der **Md. p**. Den kleinsten Quotienten zeigt der **Md. m**. Die restlichen Kerne liegen größenordnungsmäßig dazwischen. Den Maximalwert finden wir beim **Md. l** des Falles **A 61** mit 5,1 und den Minimalwert beim **Md. m** von **A 56** mit 2,6.

Tabelle 10: Durchschnittliche Gliazell-Nervenzell-Koeffizienten bei den einzelnen Vergleichsgruppen

Kerne	n	S—K	S—P
Md. m	2,9	4,9	4,8
Md. im	4,0	4,8	4,9
Md. l	4,7	7,3	6,6
Md. dm	3,1	4,0	4,0
Md. vm	3,3	4,4	4,0
Md. dl	4,7	5,8	5,8
Md. p	4,5	5,0	5,7

4. Durchschnittswerte von Streuung, Varianz, Population und Gliazell-Nervenzell-Koeffizient bei klinisch Gesunden (**Tabellen 7—10**)

a) Streuung: Die Streuung der Gliadichte ist bei den klinisch Gesunden von recht einheitlicher Größe. Sie schwankt zwischen ± 15 im **Md. dm** und ± 21 im **Md. vm** (**Tabelle 7**).

b) Varianz: Entsprechend dem oben unter a) Gesagten sind die Schwankungen der Varianz innerhalb der einzelnen Kerne auch außerordentlich gering. Wir finden ihr Minimum mit $\pm$ 9,2% im **Md. p** und ihr Maximum mit $\pm$ 11,4% im **Md. m** (**Tabelle 8**).

c) Population: Wie aus der **Tabelle 9** in der Spalte für die klinisch Gesunden zu ersehen ist, sind die Prozentzahlen in bezug auf die Gliadichte im Supranucleus auch keinen allzu großen Schwankungen unterworfen. Auch hier zeigt sich, daß der **Md. l** mit 16,1% den größten Anteil an der Gliadichte hat und der **Md. m** mit 12,5% die geringste Gliadichte aufweist.

d) Gliazell-Nervenzell-Koeffizient: Ein zahlenmäßig gleiches Bild, wie es unter c) geschildert wurde, zeigt sich auch beim Durchschnitt (**Tabelle 10**) der klinisch Gesunden im Gz./Nz. Den geringsten Quotienten zeigt der **Md. m** mit 2,9 und den größten der **Md. l** mit 4,7. Letzterem gleichgroß ist der des **Md. dl**.

B. Befunde bei der katatonen Erkrankungsgruppe ohne Schocktherapie (S — K).

1. Gliazelldichte und prozentuale Schwankung in bezug auf den Durchschnittswert bei klinisch Gesunden.

a) Die Gliazelldichte in den einzelnen Nuclei (**Tabellen 11** und **12**).

Der **Md. l** zeigt — wie auch bei den klinisch Gesunden — bei fast allen 9 Fällen die größte Gliadichte. Ausgenommen sind hiervon **Bu 1** (**Md. vm**), **Bu 46** (**Md. im**), **Bu 52** (**Md. im**) und **Bu 53** (**Md. im**). Bei allen diesen

Tabelle 11: Gliazellzahlen mit Konfidenzbereichen

	Bu 3	Bu 20	Bu 1	Bu 21
Md. m	139 $133 < \mu < 145$	145 $138 < \mu < 152$	141 $135 < \mu < 147$	149 $143 < \mu < 155$
Md. im	152 $146 < \mu < 158$	158 $151 < \mu < 165$	152 $143 < \mu < 161$	189 $180 < \mu < 198$
Md. l	185 $179 < \mu < 191$	209 $200 < \mu < 218$	169 $161 < \mu < 177$	266 $254 < \mu < 278$
Md. dm	141 $136 < \mu < 146$	144 $138 < \mu < 150$	150 $142 < \mu < 158$	148 $141 < \mu < 155$
Md. vm	146 $141 < \mu < 151$	165 $160 < \mu < 170$	173 $164 < \mu < 182$	162 $154 < \mu < 170$
Md. dl	171 $164 < \mu < 178$	168 $163 < \mu < 173$	166 $158 < \mu < 174$	175 $169 < \mu < 181$
Md. p	158 $153 < \mu < 163$	164 $158 < \mu < 170$	156 $150 < \mu < 162$	154 $148 < \mu < 160$

Fällen sind aber die Unterschiede zu den jeweiligen Zelldichten des **Md. l** nur als zufällig zu betrachten; in keinem Falle besteht eine statistische Signifikanz.

Die zellärmsten Kerne sind in allen Fällen der **Md. m** und **Md. dm**, die keine signifikanten Unterschiede untereinander aufweisen.

Der Maximalwert, der in bezug auf die Zelldichte gefunden wurde, liegt mit 279 Gliazellen pro Gesichtsfeld ($271 < \mu < 287$) im **Md. l** des **Bu 24** und der Minimalwert mit 132 Gliazellen pro Gesichtsfeld ($127 < \mu < 137$) im **Md. dm** des Falles **Bu 19**.

Wie aus der **Tabelle 12** ersichtlich ist, sind die prozentualen Schwankungen der Gliazellzahlen bei den erkrankten Fällen in bezug auf dieselben der Nuclei bei klinisch Gesunden recht unterschiedlich.

Tabelle 12: Prozentuale Schwankung der Gliazellzahlen um den Durchschnittswert der „Norm" bei der katatonen Erkrankungsgruppe ohne Schocktherapie

	Bu 3	Bu 20	Bu 1	Bu 21	Bu 19	Bu 24	Bu 46	Bu 52	Bu 53
Md. m	+4	+ 8	+ 2	+11	+ 4	+15	+13	+10	+ 9
Md. im	−3	+ 1	− 3	+21	+ 5	+ 4	+32	+21	+30
Md. l	+8	+21	− 2	+55	+11	+63	+18	+ 3	+15
Md. dm	+8	+10	+15	+13	+ 1	+23	+17	+ 7	+ 8
Md. vm	−4	+ 9	+14	+ 7	+ 1	+ 9	+ 1	+ 3	+ 5
Md. dl	+2	± 0	− 1	+ 4	± 0	+10	− 1	− 1	+ 7
Md. p	+1	+ 5	− 1	− 2	− 1	+17	+17	− 2	− 4

der katatonen Erkrankungsgruppe ohne Schocktherapie

Bu 19	Bu 24	Bu 46	Bu 52	Bu 53
139	161	152	148	146
$134 < \mu < 144$	$155 < \mu < 167$	$145 < \mu < 159$	$142 < \mu < 154$	$140 < \mu < 152$
160	162	206	189	203
$152 < \mu < 168$	$175 < \mu < 189$	$197 < \mu < 215$	$181 < \mu < 197$	$196 < \mu < 210$
198	279	202	177	198
$192 < \mu < 204$	$271 < \mu < 287$	$193 < \mu < 211$	$170 < \mu < 184$	$191 < \mu < 205$
132	161	153	140	141
$127 < \mu < 137$	$154 < \mu < 168$	$146 < \mu < 160$	$134 < \mu < 146$	$135 < \mu < 147$
154	164	154	157	160
$146 < \mu < 162$	$157 < \mu < 171$	$146 < \mu < 162$	$150 < \mu < 164$	$154 < \mu < 166$
168	185	167	166	179
$161 < \mu < 175$	$177 < \mu < 193$	$160 < \mu < 174$	$158 < \mu < 174$	$174 < \mu < 184$
156	184	183	143	150
$50 < \mu < 162$	$179 < \mu < 189$	$175 < \mu < 191$	$132 < \mu < 154$	$142 < \mu < 158$

Tabelle 13: Prozentuale Populationsverhältnisse der Gliazelldichten der einzelnen Nuclei in bezug auf den Supranucleus (Gesamtzellzahl = 100) bei der katatonen Erkrankungsgruppe ohne Schocktherapie

	Bu 1	Bu 3	Bu 19	Bu 20	Bu 21	Bu 24	Bu 46	Bu 52	Bu 53
Gesamtzellzahl	1107	1092	1100	1153	1222	1296	1217	1120	1177
Md. m	12,8	12,7	12,6	12,6	12,3	12,4	12,5	13,2	12,4
Md. im	13,7	14,0	14,4	13,7	15,4	12,5	16,9	16,9	17,2
Md. l	15,3	16,9	17,1	18,1	20,1	21,6	16,6	15,9	16,7
Md. dm	13,6	12,9	12,7	12,5	12,1	12,4	12,6	12,5	12,0
Md. vm	15,6	13,4	13,9	14,2	13,3	12,5	12,7	14,0	13,6
Md. dl	14,9	15,6	15,2	14,7	14,3	14,3	13,7	14,8	15,3
Md. p	14,1	14,5	14,1	14,2	12,5	14,3	15,0	12,7	12,8

Tabelle 14: Streuung der in Tabelle 11 angeführten Gliazellzahlen der katatonen Erkrankungsgruppe ohne Schocktherapie

	Bu 1	Bu 3	Bu 19	Bu 20	Bu 21	Bu 24	Bu 46	Bu 52	Bu 53
Md. m	±13	±13	±11	±15	±12	±13	±17	±13	±13
Md. im	±18	±13	±15	±14	±18	±14	±18	±17	±14
Md. l	±18	±13	±13	±18	±26	±16	±20	±15	±14
Md. dm	±16	±11	±10	±15	±15	±15	±14	±13	±13
Md. vm	±18	±11	±16	±12	±17	±14	±17	±14	±14
Md. dl	±17	±14	±15	±11	±12	±17	±16	±17	±11
Md. p	±12	±12	±13	±13	±13	±12	±17	±24	±14

Dennoch kann gesagt werden, daß oft auch für den einzelnen Erkrankungsfall eine Zunahme der Gliadichte besteht. Bei 20% der Kerne der einzelnen Fälle besteht eine Abnahme der Gliadichte gegenüber den Durchschnittswerten bei klinisch Gesunden; bei 3% blieben sie gleich.

b) Durchschnittliche gesamte Gliazelldichte in den einzelnen Nuclei sowie deren Population (**Tabelle 2** und **13**).

Wie auch bei den „Normalen" erscheint der **Md. l** als der zellreichste Kern (215; 209 $<\mu<$ 221). In der Reihenfolge der Abnahme der Zelldichte können wir drei signifikante Unterschiedsgruppen erfassen:
Md. im und **Md. dl**; **Md. vm** und **Md. p**; **Md. m** und **Md. dm**. Letzterer Kern ist — wie auch bei den klinisch Gesunden — der Kern, der die geringste Gliazelldichte aufweist.

Tabelle 15: Varianz der Gliazellzahlen der katatonen Erkrankungsgruppe ohne Schocktherapie (%)

	Bu 1	Bu 3	Bu 19	Bu 20	Bu 21	Bu 24	Bu 46	Bu 52	Bu 53
Md. m	±9	±9	±8	±10	±8	±8	±11	±9	±9
Md. im	±12	±9	±9	±9	±9	±9	±9	±9	±7
Md. l	±11	±7	±7	±9	±10	±6	±10	±8	±7
Md. dm	±11	±8	±8	±10	±10	±9	±10	±9	±9
Md. vm	±10	±8	±10	±7	±10	±8	±11	±9	±9
Md. dl	±10	±8	±9	±7	±7	±9	±10	±10	±6
Md. p	±8	±8	±8	±8	±8	±6	±9	±8	±9

Die Populationsverhältnisse ändern sich gegenüber der „Norm" nicht wesentlich, wie es aus der **Tabelle 13** ersichtlich ist.

2. Streuung und Varianz der Gliazelldichte (**Tabelle 14** und **15**)

Die Streuungen sämtlicher Kerne aller Fälle liegen auch, wie bei den „Normalen", in nahezu der gleichen Größenordnung. Sie sind im Durchschnitt jedoch etwas höher gelegen und auch der Schwankungsbereich ist zwischen dem Maximalwert (±26; **Md. l**, **Bu 21**) und dem Minimalwert (±10; **Md. dm**, **Bu 19**) weiter gespannt (**Tabelle 14**).

Über die Art der Verteilung der Gliazellen in den einzelnen Kernen vermittelt uns die **Tabelle 15** ein zahlenmäßiges Bild. Der Schwankungsbereich der Varianzen ist außerordentlich gering und die Varianzwerte sind im Durchschnitt kleiner, als wir es bei den klinisch Gesunden feststellen konnten. Das Minimum beträgt ±6% bei **Bu 53** im **Md. dl**, und das Maximum ±12% bei **Bu 1** im **Md. im**.

3. Der Gliazell-Nervenzell-Koeffizient (**Tabelle 16**).

In der **Tabelle 16** sind die Koeffizienten für die einzelnen Kerne aller untersuchten Fälle der katatonen Erkrankungsgruppe ohne Schocktherapie angeführt, soweit wir für diese die Nervenzelldichte der betreffenden Kerne ermittelt haben [s. W. M. Treff und K.-J. Hempel, J. f. Hirnforsch. **4** (1958)].

Die Zahlenwerte innerhalb des Einzelfalles sind für die einzelnen Kerne unterschiedlicher, als wir es bei den klinisch Gesunden feststellen konnten. Dennoch sind die Werte der entsprechenden Kerne untereinander recht gleichmäßig. **Bu 3** und **Bu 21** weisen die größten Koeffizienten auf, **Bu 19** dagegen die kleinsten. Der größte Koeffizient wurde im **Md. l** bei **Bu 21** mit 8,7 und der kleinste im **Md. dm** bei **Bu 19** mit 3,5 festgestellt.

Tabelle 16: Gliazell-Nervenzell-Koeffizient der katatonen Erkrankungsgruppe ohne Schocktherapie

Kerne	**Bu 3**	**Bu 20**	**Bu 1**	**Bu 21**	**Bu 19**
Md. m	5,4	4,6	4,9	5,1	3,8
Md. im	4,0	4,1	4,5	5,5	4,5
Md. l	6,8	6,8	6,2	8,7	5,8
Md. dm	4,1	3,7	4,6	4,2	3,5
Md. vm	4,2	4,8	4,9	4,5	3,7
Md. dl	6,1	5,8	5,2	7,0	4,9
Md. p	5,2	5,2	4,9	5,1	4,7

4. Durchschnittswerte von Streuung, Varianz, Population und Gliazell-Nervenzell-Koeffizient (**Tabellen 7—10**).

a) Streuung (**Tabelle 7**): Die Streuung der Gliadichte zeigt hier einen recht großen Schwankungsbereich, der zwischen ± 15 (**Md. m**) und ± 35 (**Md. l**) liegt.

b) Varianz (**Tabelle 8**): Der Schwankungsbereich der Varianz ist außerordentlich klein. Er liegt zwischen $\pm 8\%$ (**Md. p**) und $\pm 9{,}3\%$ (**Md. dm**). Er ist somit — wie auch die Varianz im Ganzen gesehen — geringer, als wir es bei den klinisch Gesunden gefunden haben.

c) Population (**Tabelle 9**): In bezug auf die Populationsverhältnisse läßt sich sagen, daß der **Md. l** und **Md. im** einen größeren prozentualen Anteil gegenüber den klinisch Gesunden erfahren haben und dafür die Prozentsätze des **Md. vm**, **Md. dl** und **Md. p** abgenommen haben.

d) Gliazell-Nervenzell-Koeffizient (**Tabelle 10**): Die Gliazell-Nervenzell-Koeffizienten aller Kerne sind im Durchschnitt gegenüber den „Normalen" recht erheblich vergrößert. Ihr Maximum liegt bei 7,3 im **Md. l**, ihr Minimum mit 4,0 im **Md. dm**.

C. Befunde bei der paranoiden Erkrankungsgruppe (S — P)

1. Gliazelldichte (**Tabellen 2, 17, 18 u. 19**).

a) Die Gliazelldichte in den einzelnen Nuclei und die prozentuale Schwankung gegenüber dem Durchschnitt der klinisch Gesunden (**Tabelle 17** und **18**).

Wie aus der **Tabelle 17** hervorgeht, zeigt der **Bu 11** durchgehend in sämtlichen Kernen die größten Gliazahlen. Als gliaärmste Kerne stellen sich — wie auch bei der katatonen Erkrankungsgruppe (S — K) — der **Md. dm** und **Md. m** dar. Ihre Unterschiede sind aber nur als statistisch zufällig zu betrachten.

Tabelle 17: Gliazelldichte mit Konfidenzbereichen bei der paranoiden Erkrankungsgruppe

	Bu 7	**Bu 11**	**Bu 62**
Md. m	137 $132 < \mu < 142$	174 $165 < \mu < 183$	137 $130 < \mu < 144$
Md. im	169 $161 < \mu < 177$	195 $187 < \mu < 203$	175 $169 < \mu < 181$
Md. l	184 $176 < \mu < 192$	207 $199 < \mu < 215$	173 $167 < \mu < 179$
Md. dm	136 $128 < \mu < 144$	169 $162 < \mu < 176$	133 $127 < \mu < 139$
Md. vm	154 $146 < \mu < 162$	185 $178 < \mu < 192$	149 $142 < \mu < 156$
Md. dl	160 $153 < \mu < 167$	193 $186 < \mu < 200$	166 $158 < \mu < 174$
Md. p	177 $170 < \mu < 184$	208 $200 < \mu < 216$	155 $149 < \mu < 161$

Im **Bu 7** ist der **Md. l** der zellreichste Kern; der **Md. p** unterscheidet sich von diesem nicht signifikant.

In **Bu 11** ist der **Md. p** am zelldichtesten; der **Md. l** unterscheidet sich ebenfalls nicht signifikant von ihm.

In **Bu 62** weist der **Md. im** die größte Zelldichte auf. Der **Md. l** muß nur als zufällig kleiner betrachtet werden.

Der **Md. p** ist in der paranoiden Erkrankungsgruppe bei **Bu 11** mit 208 ($200 < \mu < 216$) der an Gliazellen reichste Kern, während der **Md. dm** in **Bu 62** mit 133 ($127 < \mu < 139$) der zellärmste ist.

Die prozentualen Schwankungen der Gliazellzahlen der hier betrachteten paranoiden Fälle — in bezug auf die durchschnittlichen Gliazellzahlen bei den klinisch Gesunden — sind wohl für den Einzelfall größenordnungsmäßig einheitlich, unter sich aber, wie es aus der **Tabelle 18** ersichtlich ist, unterschiedlich. So weist der Fall **Bu 11** in allen Kernen eine Gliazunahme auf, die zwischen + 15% (**Md. dl**) und + 32% (**Md. p**) der durchschnittlichen „Norm“ liegt. In den beiden anderen Fällen sind die Unterschiede zu den durchschnittlichen Gliadichten statistisch nicht eindeutig. Ausnahmen bilden der **Md. im** des **Bu 62** mit 12% Zunahme und der **Md. p** im **Bu 7** mit 11% Zunahme.

Tabelle 18: Prozentuale Schwankung der Gliazelldichte um den durchschnittlichen „Normwert“ der paranoiden Erkrankungsgruppe

	Bu 11	**Bu 62**	**Bu 7**
Md. m	+ 20	+ 2	+ 2
Md. im	+ 25	+ 12	+ 8
Md. l	+ 20	+ 1	+ 7
Md. dm	+ 29	+ 2	+ 4
Md. vm	+ 20	− 2	+ 1
Md. dl	+ 15	− 1	− 5
Md. p	+ 32	− 1	+ 11

b) Durchschnittliche gesamte Gliazelldichte in den einzelnen Nuclei, sowie deren Population (**Tabellen 2** und **19**).

Wie bei den klinisch Gesunden ist im Durchschnitt der paranoiden Erkrankungsgruppe der **Md. l** (188; $182 < \mu < 194$) der zellreichste Kern, von dem sich der **Md. im** und **Md. p** aber nur wenig unterscheiden. Auch die kleinste Gliazelldichte betrifft wiederum denselben Kern (**Md. dm**: 146; $140 < \mu < 152$) (siehe **Tabelle 2**).

Die Populationsverhältnisse ändern sich nur wenig. Einzelheiten sind aus der **Tabelle 19** zu entnehmen.

Tabelle 19. Prozentuale Populationsverhältnisse der Gliazelldichten der einzelnen Nuclei in bezug auf den Supranucleus (Gesamtzellzahl = 100) bei der paranoiden Erkrankungsgruppe

	Bu 7	**Bu 11**	**Bu 62**
Gesamtzellzahl	1117	1331	1088
Md. m	12,3	13,1	12,6
Md. im	15,1	14,7	16,0
Md. l	16,4	15,6	15,9
Md. dm	12,2	12,6	12,2
Md. vm	13,8	13,9	13,7
Md. dl	14,4	14,4	15,2
Md. p	15,8	15,7	14,4

2. Streuung und Varianz der Gliazelldichte (**Tabelle 20** und **21**).

Der Schwankungsbereich der Streuung der Gliazellzahlen ist bei den Paranoiden für die einzelnen Kerne und auch für die einzelnen Fälle recht eng. Das Minimum finden wir bei der Gliazellzahl des **Md. m** im Falle **Bu 7** mit ±13, das Maximum liegt im Falle **Bu 11** im **Md. m** und bei **Bu 7** im **Md. l** bei ±19 (**Tabelle 20**).

Tabelle 20. Streuungen der in Tabelle 17 angegebenen Gliazelldichten bei der paranoiden Erkrankungsgruppe

	Bu 7	**Bu 11**	**Bu 62**
Md. m	±13	±19	±15
Md. im	±16	±17	±13
Md. l	±19	±18	±13
Md. dm	±17	±14	±14
Md. vm	±17	±16	±15
Md. dl	±14	±16	±16
Md. p	±15	±18	±14

Auffällig ist der kleinere Schwankungsbereich als bei den klinisch Gesunden. Der Durchschnitt der Streuung liegt aber höher als bei diesen.

Die Varianz ist größenordnungsmäßig die gleiche wie bei den klinisch Gesunden. Ihr Minimum liegt bei $\pm 7\%$ im **Md. im** und **Md. l** des Falles **Bu 62**, während ihr Maximum im Falle **Bu 7** im **Md. dm** mit $\pm 12\%$ vorliegt (**Tabelle 21**).

3. Der Gliazell-Nervenzell-Koeffizient (**Tabelle 22**).

Die Koeffizienten für die einzelnen Kerne aller untersuchten Fälle der paranoiden Erkrankungsgruppe sind im einzelnen in der **Tabelle 22** aufgeführt. Wie dort ersichtlich wird, sind sie größer, als wir es bei den klinisch Gesunden feststellen konnten. Den höchsten Koeffizienten finden wir im **Md. l** bei **Bu 7** mit 7,2 und den geringsten im **Md. vm** des **Bu 62** mit 3,4.

Tabelle 21: Varianz der Gliazelldichten bei der paranoiden Erkrankungsgruppe (%)

	Bu 7	Bu 11	Bu 62
Md. m	± 9	±10	±11
Md. im	±11	± 9	± 7
Md. l	± 9	± 9	± 7
Md. dm	±12	± 8	±11
Md. vm	± 9	± 9	±10
Md. dl	± 9	± 8	±10
Md. p	± 8	± 9	± 9

Tabelle 22. Gliazell-Nervenzell-Koeffizient der paranoiden Erkrankungsgruppe

Kerne	Bu 11	Bu 62	Bu 7
Md. m	5,7	4,1	4,6
Md. im	5,3	4,8	4,7
Md. l	7,1	5,3	7,2
Md. dm	4,5	3,7	3,8
Md. vm	4,4	3,4	4,1
Md. dl	5,9	5,3	6,4
Md. p	6,6	5,0	5,6

4. Durchschnittswerte von Streuung, Varianz, Population und Gliazell-Nervenzell-Koeffizient (**Tabellen 7—10**)

a) Streuung (**Tabelle 7**): Die Streuung der Gliadichte zeigt hier eine eindeutige Zunahme gegenüber den „Normalen" und auch der katatonen Erkrankungsgruppe ohne Schocktherapie. Der Schwankungsbereich ist allerdings klein, wie wir es schon für die Einzelfälle feststellten. Das Minimum liegt mit ± 20 im **Md. im**, das Maximum mit ± 27 im **Md. p**.

b) Varianz (**Tabelle 8**): Die Varianz ist nur um weniges geringer, als bei den klinisch Gesunden. Sie schwankt zwischen $\pm 8{,}3\%$ (**Md. l**) und $\pm 10{,}1\%$ (**Md. dm**).

c) Population (**Tabelle 9**): Die Differenzen der Populationsverhältnisse gegenüber dem Durchschnitt der klinisch Gesunden sind außerordentlich gering. Eine prozentuale Zunahme finden wir im **Md. im** und **Md. p** auf Kosten des **Md. vm** und **Md. dl**.

d) Gliazell-Nervenzell-Koeffizient (**Tabelle 10**): In allen Kernen wird eine Zunahme der Koeffizienten gegenüber den klinisch Gesunden festgestellt. Der **Md. l** hat mit 6,6 den größten und der **Md. dm** sowie auch der **Md. vm** mit 4,0 den kleinsten Koeffizienten aufzuweisen.

D. Befunde bei der katatonen Erkrankungsgruppe mit Schocktherapie (S — K — S)

1. Gliazelldichte und prozentualer Schwankungsbereich in bezug auf den Durchschnitt bei klinisch Gesunden (**Tabellen 2 u. 23—25**).

a) Die Gliadichte in den einzelnen Nuclei und ihre prozentuale Schwankung um den durchschnittlichen „Normalwert" (**Tabellen 23** und **24**).

Die Maximal- und Minimalverteilung der Zellzahlen zeigen bei den geschockten katatonen Fällen (S — K — S) nicht mehr ein so einheitliches Bild, wie wir es bei den bisherigen Erkrankungsgruppen feststellen konnten. Für die Fälle **Fü 4**, **Hö 5** und **Ra 21** liegt das Minimum der Zelldichte im **Md. m**. Für **Fü 2** ist die geringste Gliazelldichte im **Md. dm** zu finden und in **Rab 11** liegt sie im **Md. p** (s. **Tabelle 23**).

Tabelle 23. Gliazelldichte mit Konfidenzbereichen bei der katatonen Erkrankungsgruppe mit Schocktherapie

	Fü 2	**Fü 4**	**Hö 5**	**Rab 11**	**Ra 21**
Md. m	136 $130 < \mu < 142$	140 $130 < \mu < 150$	135 $130 < \mu < 140$	171 $163 < \mu < 179$	139 $133 < \mu < 145$
Md. im	158 $152 < \mu < 164$	164 $158 < \mu < 170$	164 $156 < \mu < 172$	176 $170 < \mu < 182$	158 $149 < \mu < 167$
Md. l	168 $160 < \mu < 176$	167 $163 < \mu < 171$	173 $165 < \mu < 181$	208 $201 < \mu < 215$	166 $159 < \mu < 173$
Md. dm	135 $129 < \mu < 141$	150 $143 < \mu < 157$	146 $141 < \mu < 151$	202 $193 < \mu < 211$	171 $166 < \mu < 176$
Md. vm	149 $142 < \mu < 156$	151 $145 < \mu < 157$	176 $169 < \mu < 183$	199 $190 < \mu < 208$	196 $189 < \mu < 203$
Md. dl	166 $160 < \mu < 171$	164 $157 < \mu < 172$	172 $166 < \mu < 178$	192 $184 < \mu < 200$	188 $181 < \mu < 195$
Md. p	154 $146 < \mu < 162$	159 $155 < \mu < 163$	175 $169 < \mu < 181$	159 $153 < \mu < 165$	166 $160 < \mu < 172$

Auch die Maxima sind nicht einheitlich auf den gleichen Kern verteilt. Für **Fü 2**, **Fü 4** und **Rab 11** ist dies zwar wieder der **Md. l** — wie bei den anderen Erkrankungsgruppen —, doch bei **Hö 5** ist das Maximum im **Md. vm** zu finden, wobei die Kerne **Md. p**, **Md. l**, **Md. dl** und **Md. im** von diesen nicht signifikant zu unterscheiden sind. Auch in **Ra 21** ist der **Md. vm** der zellreichste Kern. Signifikant nicht different ist der **Md. dl**.

Insgesamt wurde das Maximum der Gliazelldichte im **Md. l** mit 208 ($201 < \mu < 215$) im **Rab 11** und das Minimum im **Md. dm** mit 135 ($129 < \mu < 141$) im Falle **Fü 2** festgestellt.

Betrachten wir die in der **Tabelle 24** aufgeführten prozentualen Schwankungen der Zellzahlen der einzelnen Kerne gegenüber den für diese gefundenen durchschnittlichen Werte bei den klinisch Gesunden, so sind sie recht unterschiedlich. Es können, wie in **Rab 11** im **Md. dm**, Zunahmen bis zu 54% erfolgen.

Diejenigen Kerne bei den erkrankten Fällen, bei denen die gefundenen Gliazahlen unter dem für die „Norm" gefundenen Wert zu liegen kommen, sind die Schwankungen außerordentlich gering (größter Wert: −3% im **Md. l** von **Ra 21**). Diese Zahlen sind jedoch nicht als statistisch signifikant anzusehen, d. h. die Gliadichte ist in diesen Kernen „normal", da die Unterschiede nicht statistisch eindeutig sind.

b) Die durchschnittliche gesamte Gliazelldichte in den einzelnen Nuclei und deren Population (**Tabelle 2** und **25**).

In dieser Erkrankungsgruppe tritt kein Kern mit einer besonders starken Gliadichte hervor. Wir haben drei Kerne, die gleichermaßen als zelldichteste erscheinen. Es sind dies der **Md. l**, der **Md. dl** und der **Md. vm** (**Md. l**: 176; $172 < \mu < 180$). Der **Md. im**, **Md. p** und **Md. dm** sind ebenfalls gleichstark

Tabelle 24. Prozentuale Schwankung der Gliazelldichten der katatonen Erkrankungsgruppe mit Schocktherapie

	Fü 2	**Fü 4**	**Hö 5**	**Rab 11**	**Ra 21**
Md. m	+2	+ 5	+ 1	+28	+ 4
Md. im	+1	+ 5	+ 5	+13	+ 1
Md. l	−2	− 2	+ 1	+15	− 3
Md. dm	+3	+15	+10	+54	+30
Md. vm	−2	− 1	+16	+31	+30
Md. dl	−1	− 2	+ 2	+14	+12
Md. p	−2	+ 1	+11	+ 1	+ 6

Tabelle 25: Prozentuale Populationsverhältnisse der Gliazelldichten der einzelnen Nuclei in bezug auf den Supranucleus (Gesamtzellzahl = 100) bei der katatonen Erkrankungsgruppe mit Schocktherapie

	Fü 2	**Fü 4**	**Hö 5**	**Rab 11**	**Ra 21**
Gesamtzellzahl	1066	1095	1141	1307	1184
Md. m	12,8	12,8	11,8	13,0	11,8
Md. im	14,8	15,0	14,4	13,5	13,4
Md. l	15,8	15,3	15,2	15,8	14,1
Md. dm	12,7	13,7	12,8	15,2	14,4
Md. vm	13,9	13,7	15,4	15,2	16,5
Md. dl	15,6	15,1	15,1	14,9	15,9
Md. p	14,4	14,4	15,3	12,2	13,9

(**Md. im**: 163; 159 $<\mu<$ 167). Als Kern mit der geringsten Gliazelldichte zeigt sich hier der **Md. m** mit 144 (140 $<\mu<$ 148 Gliazellen pro Gesichtsfeld) (**Tabelle 2**).

Die Populationsverhältnisse ändern sich gegenüber der Norm nicht wesentlich (**Tabelle 25**).

2. Streuung und Varianz der Gliazelldichte (**Tabellen 26** und **27**).

Die Zahlenwerte der Streuungen zeigen keine großen Unterschiede. Ihr Schwankungsbereich ist kleiner als bei den anderen katatonen Fällen (S — K; s. unter B 2.) Ihr Minimum wurde im **Md. p** mit ±8 im Falle **Fü 4** und ihr Maximum im **Md. m** des gleichen Falles mit ±21 gefunden. Die durchschnittliche Größe aller Streuungen ist etwa denen der ungeschockten Katatonen gleich (**Tabelle 26**).

Die Varianzen für die Kerne der einzelnen Fälle sind in der **Tabelle 27** aufgeführt. Sie bieten mit Ausnahme des **Md. m** im Falle **Fü 4** ein recht einheitliches Bild und sind kleiner, als wir es für die klinisch Gesunden feststellen konnten. Das Minimum finden wir mit ±5% im **Md. p** (**Fü 4**) und den Maximalwert im gleichen Falle mit ±15% im **Md. m**.

Tabelle 26. Streuungen der in Tabelle 23 angegebenen Gliazelldichten der katatonen Erkrankungsgruppe mit Schocktherapie

	Fü 2	**Fü 4**	**Hö 5**	**Rab 11**	**Ra 21**
Md. m	±12	±21	±11	±17	±12
Md. im	±14	±12	±17	±13	±20
Md. l	±16	±10	±16	±16	±15
Md. dm	±13	±14	±12	±20	±10
Md. vm	±14	±13	±16	±18	±16
Md. dl	±14	±16	±13	±17	±14
Md. p	±17	± 8	±13	±13	±14

Tabelle 27. Varianz der Gliazelldichte bei der katatonen Erkrankungsgruppe mit Schocktherapie (%)

	Fü 2	**Fü 4**	**Hö 5**	**Rab 11**	**Ra 21**
Md. m	± 9	±15	± 8	±10	± 9
Md. im	± 9	± 7	±10	± 7	±13
Md. l	± 9	± 6	± 9	± 8	± 9
Md. dm	± 9	± 9	± 8	±10	± 6
Md. vm	± 9	± 9	± 9	± 9	± 8
Md. dl	± 8	± 9	± 7	± 9	± 7
Md. p	±11	± 5	± 8	± 8	± 8

3. Durchschnittswerte für die Streuung, Varianz und Populationsverhältnisse (**Tabellen 7—9**)[1].

a) Streuung (**Tabelle 7**): Die Streuung der Gliadichte zeigt hier gegenüber den anderen Katatonen (S — K) keinen so großen Schwankungsbereich. Sie ist am kleinsten im **Md. p** mit ± 15 und am größten im **Md. dm** mit ± 28. Die Stärke der Streuung ist aber im Durchschnitt der der ungeschockten Katatonen gleich.

b) Varianz (**Tabelle 8**): Die Varianz liegt in der gleichen Größenordnung, wie sie für die anderen Katatonen (S—K) festgestellt wurde. Sie ist kleiner als bei den klinisch Gesunden. Ihr Schwankungsbereich liegt zwischen ± 8% (**Md. p** und **Md. dl**) und ± 10% (**Md. m**).

c) Population (**Tabelle 9**): Die Populationsverhältnisse haben sich bezüglich der „Norm" nur unwesentlich verändert. Auffällig ist nur die Zunahme im **Md. dm** auf 14,1% gegenüber 12,3% der „Norm" und die Abnahme des **Md. l** von 16,1% auf 15,2%.

IV. Besprechung der Untersuchungsbefunde

Die vorliegenden Untersuchungen wurden durchgeführt, um eine besonders auffällige Maßzahl für die Beurteilung klinisch gesunder und erkrankter Gehirne zu erhalten.

Haug fand 1957 bei seinen quantitativen Untersuchungen an der Sehrinde menschlicher Gehirne signifikante Unterschiede in verschiedenen Glia-Nervenzell-Koeffizienten zwischen klinisch Gesunden und dem schizophren erkrankten Material. Es war ihm nicht möglich, an Hand seiner Koeffizienten für den Einzelfall eine bindende Aussage zu treffen. Jedoch zeigten die jeweiligen Durchschnitte statistisch signifikante Unterschiede zwischen Schizophrenen und klinisch Gesunden.

Da wir in der vorliegenden Methode nicht — wie Haug — Volumenverhältnisse erfassen können, sondern zahlenmäßig in der ersten Dimension bleiben, konnten wir natürlich nicht seine Koeffizienten anwenden, sondern bildeten den von uns erwähnten und definierten Gliazell-Nervenzell-Koeffizienten (s. auch Ferrero 1947).

Wir gingen von der Voraussetzung aus, daß kleine Veränderungen in der Gliadichte und Nervenzelldichte stärker hervortreten, wenn wir den Quotienten aus diesen beiden Maßzahlen bilden. Denn nimmt die Dichte der Glia zu — wie wir es z. T. beobachten konnten —, dann muß, da sie ja im Zähler steht, auch der Quotient zunehmen. Nimmt außerdem noch die Nervenzelldichte ab, so wird der Quotient noch größer, da diese Maßzahl im Nenner steht. D. h. also, die beiden entgegengesetzt verlaufenden Prozesse werden — auch wenn sie

[1]) Aussagen über den Gliazell-Nervenzell-Koeffizient können wir bei dieser Erkrankungsgruppe nicht treffen, da uns die Zahlenangaben über die Häufigkeiten der Nervenzellarten fehlen. (Dieser Punkt ist sonst hier unter 3. aufgeführt.)

jeder für sich größenordnungsmäßig klein sind — in dieser einen Zahl verstärkt zur Darstellung kommen.

Darüber hinaus ist von allgemeinem Interesse, die Gliaveränderungen auch einmal einer quantitativen Betrachtung zu unterziehen. Qualitative Makrogliaveränderungen sind schon verschiedentlich bei Schizophrenien beschrieben worden (Lit. s. D. Richter).

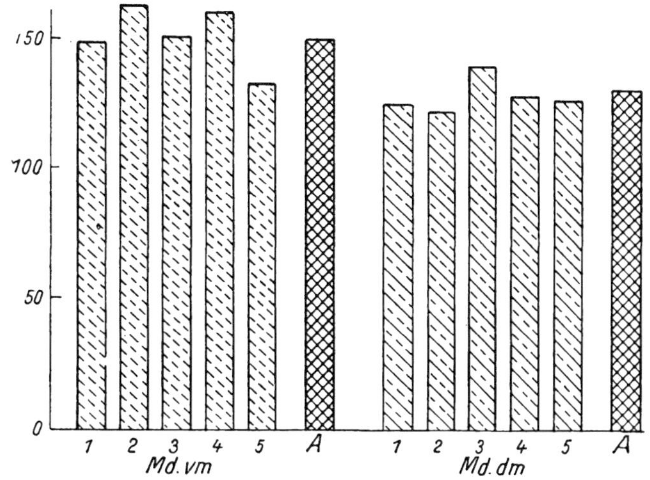

Abb. 1. Darstellung einer großen individuellen Schwankung (**Md. vm**) und einer geringen individuellen Schwankung (**Md. dm**) der Gliazelldichte bei klinisch Gesunden.

1: **A 56**	4: **A 65**
2: **A 58**	5: **E 105**
3: **A 61**	A: Durchschnitt der klinisch Gesunden

Wenn wir Gliaveränderungen in pathologisch veränderten Gehirnen quantitativ erfassen wollen, so ist die Voraussetzung dafür zunächst einmal die Variationsbreite der Maßzahlen der Gliazellen bei klinisch Gesunden festzustellen. Deshalb haben wir auch in der Befunderhebung die Zahlenverhältnisse bei klinisch Gesunden denen der Erkrankten vorausgestellt.

Tabelle 28. Durchschnittlicher prozentualer Schwankungsbereich der Gliazellzahlen um ihren jeweiligen Durchschnittswert (individuelle Schwankung) bei den einzelnen Erkrankungsgruppen

Nucleus	n zwischen	S—K zwischen	S—P zwischen	S—K—S zwischen
Md. m	— 10,5 + 10,4	— 4 + 10	— 8 + 17	— 6 + 19
Md. im	— 4,2 + 10,5	— 14 + 17	— 6 + 8	— 3 + 8
Md. l	— 5,7 + 6,6	— 18 + 30	— 8 + 10	— 6 + 16
Md. dm	— 6,2 + 6,8	— 8 + 19	— 9 + 16	— 17 + 25
Md. vm	— 11,5 + 7,3	— 9 + 10	— 9 + 14	— 14 + 13
Md. dl	— 3,6 + 9,5	— 3 + 13	— 7 + 6	— 7 + 9
Md. p	— 4,1 + 6,8	— 6 + 16	— 14 + 15	— 6 + 7

In der nun folgenden Besprechung werden wir diese Trennung nicht durchführen, sondern zu den jeweiligen Maßzahlen als Vergleichsmaterial die der klinisch Gesunden heranziehen.

Die hier unter der Gruppe der klinisch Gesunden angeführten Fälle werden deshalb als sog. Normalfälle bezeichnet, da ihre Anamnese keine wesentlichen psychopathologischen Befunde aufweisen.

Bezüglich einer Diskussion der Grenzziehung zwischen „normal" und „krank" verweisen wir auf unsere Ausführungen im J. f. Hirnforsch. **4**, 316 (1958) (W. M. Treff und K.-J. Hempel).

A. Vergleich der Gliadichte zwischen klinisch Gesunden und den einzelnen Erkrankungsgruppen

1. Der individuelle Schwankungsbereich der Gliadichte bei klinisch Gesunden (**Tabelle 28** und **Abbildung 1**).

Unter der individuellen Schwankung soll der prozentuale Bereich verstanden werden, der anzeigt, wieweit die gefundenen Mittelwerte der Gliazellzahlen innerhalb der einzelnen Kerne der untersuchten sog. Normalfälle von ihren Durchschnittswerten abweichen. Die jeweils gefundenen Maximalschwankungen um diesen Durchschnittswert sind für die klinisch Gesunden in der ersten Spalte („n") der **Tabelle 28** aufgeführt. Aus ihnen geht hervor, daß die Gliadichte „normalerweise" um etwa $\pm 10\%$ des Durchschnittswertes schwankt.

In der **Abbildung 1** haben wir den Kern mit den größten (**Md. vm**) und den Kern mit den kleinsten (**Md. dm**) individuellen Schwankungen bei sämtlichen klinisch gesunden Fällen gegenübergestellt. Im Vergleich zu den individuellen Schwankungen, die wir bei den Nervenzelldichten pro Gesichtsfeld finden konnten, erscheinen diese in der gleichen Größenordnung.

Wenn wir nun bei pathologischen Einzelfällen Gliadichten finden, die nicht mehr als $\pm 10\%$ von dieser durchschnittlichen „Norm" abweichen, so können sie noch nicht als pathologische Gliaveränderungen aufgefaßt werden. Dieser Schwankungsbereich liegt in der Größenordnung der für biologisches Material bekannten Variabilität.

2. Durchschnittswerte der Gliadichte in den vorliegenden Vergleichsgruppen und die durchschnittliche Zunahme bei den einzelnen Erkrankungsgruppen (**Tabellen 2, 12, 18, 24, 29** und **Abbildung 2**).

Normalerweise weist nicht jeder Kern eine für ihn spezifische und gegenüber jedem anderen signifikant unterschiedliche Gliadichte auf, wie wir es für die Ganglienzellzahl der einzelnen Kerne dieses Supranucleus nachweisen konnten.

Auffällig ist jedoch, daß der **Md. l** in allen Fällen die größte Gliadichte besitzt und auch der **Md. dl** in seinem Gliareichtum von ihm nicht signifikant unterschieden werden kann. Als der gliaärmste Kern erscheint bei den klinisch Gesunden der **Md. dm**. Von ihm kann statistisch gesehen der **Md. m** nicht eindeutig — in bezug auf die Dichte — getrennt werden.

Auf die Diskussion einer Abhängigkeit der Gliadichte von der Nervenzellzahl und der Volumengröße der Nervenzellarten wollen wir gesondert zurückkommen.

Auch bei sämtlichen erkrankten Fällen bleibt der **Md. l** der gliareichste Kern. Nur sind die Zellzunahmen bei den einzelnen Erkrankungsgruppen bezüglich dieses Kernes recht unterschiedlich, wie es auch aus der **Abbildung 2** hervorgeht. So nimmt die Gliadichte dieses Kernes bei S—K um 25% zu. Bei den geschockten Patienten (S—K—S) finden wir nur eine Zunahme von 2%, d. h. die Gliadichte ist als unverändert gegenüber der „Norm" anzusehen. Bei der paranoiden Erkrankungsgruppe (S—P) hat die Gliadichte gegenüber der „Norm" um 9% zugenommen. Ob eine derartige Zunahme als pathologisch zu werten ist, können wir nicht entscheiden.

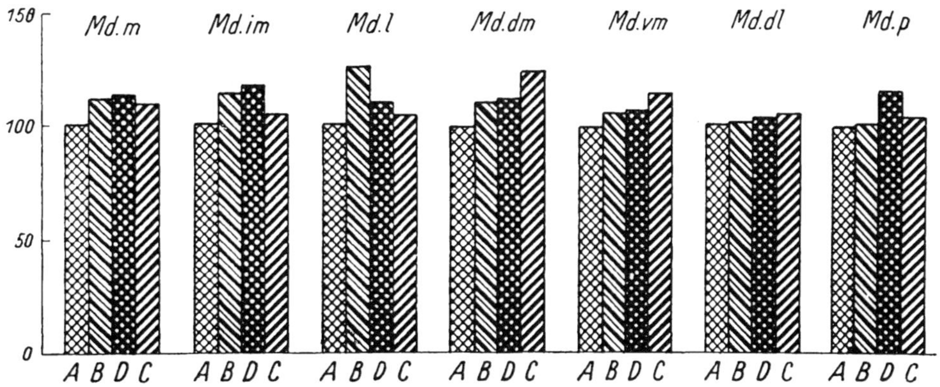

Abb. 2. Durchschnittliche prozentuale Zunahme der Gliadichten der einzelnen Vergleichsgruppen.

A: Durchschnitt klinisch Gesunder
B: Durchschnitt der katatonen Erkrankungsgruppe ohne Schocktherapie
C: Durchschnitt der katatonen Erkrankungsgruppe mit Schocktherapie
D: Durchschnitt der paranoiden Gruppe

Kerne mit den geringsten Gliazellzahlen bleiben — trotz einer gewissen Gliaverdichtung —, wie bei den „Normalen", auch weiterhin der **Md. m**.

Durch die Zunahme von 10% (S—K), bzw. 11% (S—P) wird natürlich der normalerweise bestehende Unterschied zu den übrigen Kernen — die eine nicht so starke Gliavermehrung aufzuweisen haben — verwischt. Eine außerordentlich starke Gliazunahme finden wir im **Md. dm** bei S—K—S; sie beträgt hier 24%.

Vergleichen wir auf der **Tabelle 2** die durchschnittlichen Gliadichten der einzelnen Erkrankungsgruppen mit den sog. Normalwerten und ziehen dazu die prozentuale Zunahme (**Tabelle 29**) hinzu, so kann festgestellt werden, daß alle Zunahmen — die 5% übersteigen — als statistisch eindeutig zu werten sind. Dies gilt allerdings *nur* für die Durchschnittswerte.

Auffällig ist dabei außerdem, daß die Zunahme nicht für den gesamten Supranucleus in jeder Erkrankungsgruppe eine gleichmäßige ist, sondern daß vielmehr die einzelnen Nuclei sehr unterschiedliche Gliavermehrungen aufweisen oder überhaupt keine vorhanden ist.

Außerdem sind bei den einzelnen Erkrankungsgruppen die Gliavermehrungen in differenten Nuclei zu finden. Diese hier verglichenen Durchschnittswerte gingen aus den Einzelwerten der **Tabellen 12**, **18** und **24** hervor. Aus ihnen ist ersichtlich, daß in den einzelnen Fällen die Gliavermehrung der verschiedenen Kerne eine recht unterschiedliche ist. Dies kommt auch in den in **Tabelle 28** aufgezeigten individuellen Schwankungsbereichen um den jeweiligen Durchschnittswert bei den verschiedenen Erkrankungsgruppen zum Ausdruck. Die individuelle Schwankung der einzelnen Gruppen um ihren jeweiligen Durchschnittswert der betreffenden Kerne ist z. T. erheblich größer, als wir es bei den klinisch Gesunden feststellen konnten.

Tabelle 29. Durchschnittliche prozentuale Gliazellzunahme der einzelnen Erkrankungsgruppen gegenüber der „Norm"

Nucleus	S—K	S—P	S—K—S
Md. m	+10	+11	+ 8
Md. im	+13	+16	+ 4
Md. l	+25	+ 9	+ 2
Md. dm	+10	+11	+24
Md. vm	+ 5	+ 7	+14
Mdl dl	+ 2	+ 3	+ 5
Md. p	+ 1	+15	+ 4

Wir dürfen also aus diesem Grund aus der Art der Vermehrung und der hier vorhandenen Differenzen der einzelnen Erkrankungsgruppen keinen Schluß bezüglich der Diagnosestellung ziehen. Zumal auch die durchschnittliche Gliavermehrung der einzelnen Vergleichsgruppen insgesamt keine allzu großen Unterschiede aufweisen. Auffällig ist höchstens die z. T. recht schwache und wenig signifikante Vermehrung bei den S—K—S.

Abschließend hierzu kann gesagt werden, daß bei sämtlichen erkrankten Gruppen die durchschnittliche Gliadichte im Vergleich zu den klinisch Gesunden größer ist. Jedoch besteht nicht in allen Kernen eine statistische Eindeutigkeit. Ein Zusammenhang zwischen der Gliavermehrung und dem Krankheitsbild der „Schizophrenie" läßt hieraus nicht folgern.

3. Betrachtung der Gliadichte in den Einzelfällen der verschiedenen Erkrankungsgruppen und ihre Populationsverhältnisse. (**Tabellen 1**, **11**, **12**, **17**, **18**, **23** und **24**; **Abbildung 3** und **4**.)

Bei der Betrachtung der Gliadichte und ihrer prozentualen Abweichung von den sogenannten Normwerten sehen wir weder zwischen den einzelnen Erkrankungsgruppen noch innerhalb derselben zwischen den betreffenden Fällen irgendwelche Gemeinsamkeiten.

In allen Erkrankungsgruppen stehen Fälle mit relativ starker Gliavermehrung neben solchen, bei denen die Gliadichte als „normal" anzusehen ist. Die gleiche Aussage gilt für die einzelnen Kerne innerhalb der Fälle.

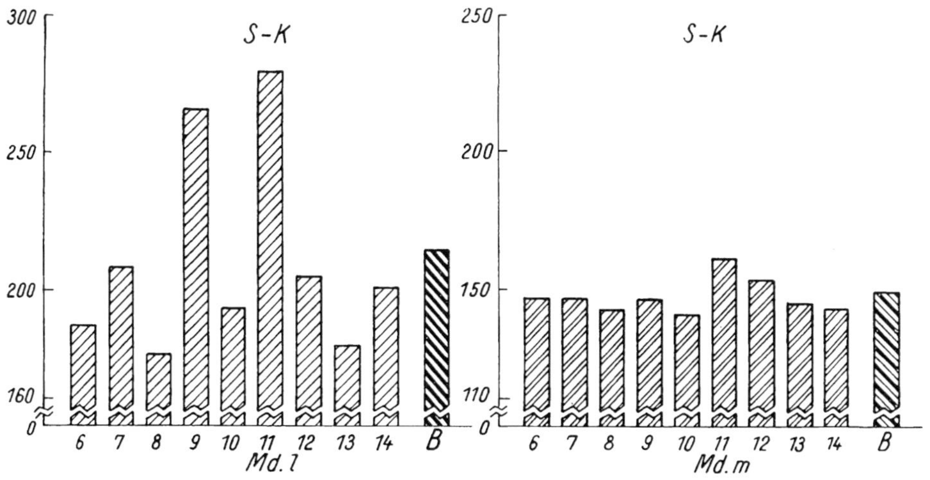

Abb. 3. Darstellung großer (**Md. l**) und kleiner (**Md. m**) Unterschiede in der Gliazelldichte bei den Katatonen ohne Schocktherapie.

6: **Bu 3**	11: **Bu 24**
7: **Bu 20**	12: **Bu 46**
8: **Bu 1**	13: **Bu 52**
9: **Bu 21**	14: **Bu 53**
10: **Bu 19**	B: Durchschnitt von S—K

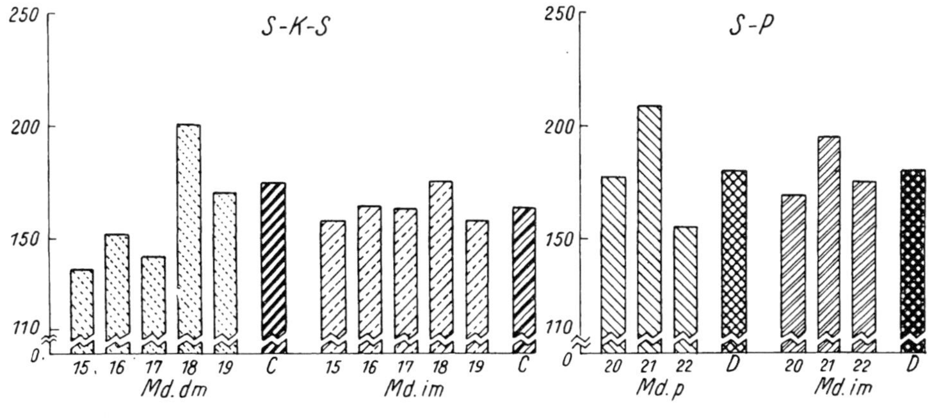

Abb. 4. Beispiel für große und kleine Unterschiedlichkeiten der Gliazelldichte innerhalb der einzelnen Fälle für S—K—S und S—P.

15: **Fü 2**	20: **Bu 7**
16: **Fü 4**	21: **Bu 11**
17: **Hö 5**	22: **Bu 62**
18: **Rab 11**	C: Durchschnitt von S—K—S
19: **Ra 21**	D: Durchschnitt von S—P

Bei S—K fällt durch eine besonders schwache Gliavermehrung der **Bu 3** auf; kein Nucleus zeigt eine Vermehrung über 10%.

Im ersten Abschnitt dieser Besprechung hatten wir gefordert, daß mindestens eine Gliavermehrung von 10% vorhanden sein muß, wenn überhaupt von einer solchen im pathologischen Sinne für den Einzelfall gesprochen werden soll.

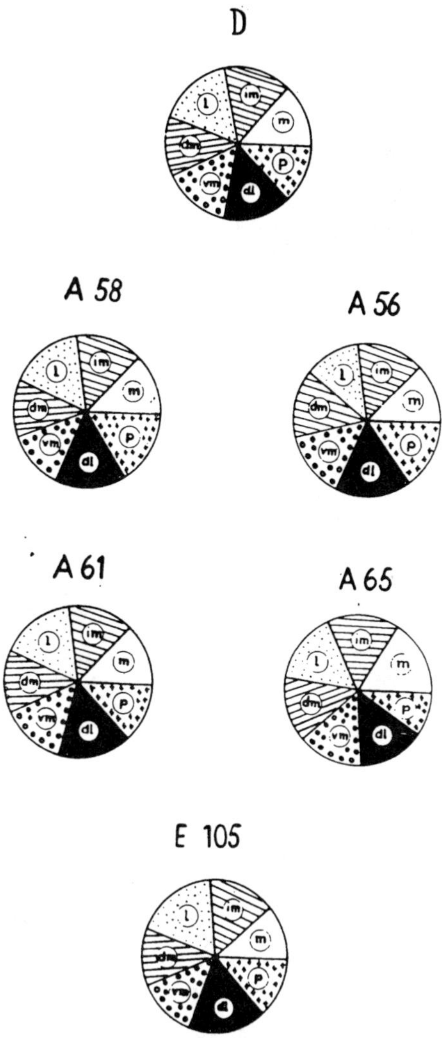

Abb. 5. Populationsverhältnisse der Gliazelldichte bei klinisch Gesunden.

Da nun im **Bu 3** darüber hinaus im **Md. im** und **Md. vm** eine kleinere Gliadichte vorliegt, als wir es für den Durchschnitt bei den klinisch Gesunden feststellen konnten, ist man wohl durchaus berechtigt, hier von „keiner" Gliavermehrung zu sprechen. Diese Aussage gilt allerdings nur solange, als wir die Gliazahlen isoliert betrachten und nicht in Beziehung zu den Ganglienzellen setzen. Aus dem uns bekannten Zahlenmaterial wissen wir aber, daß gerade im Falle **Bu 3** außerordentlich starke Nervenzellenausfälle zu finden sind.

Auch bei **Bu 21** hatten wir seinerzeit einen fast ebensogroßen Ganglienzellausfall feststellen können. Doch hier finden wir besonders in den Kernen **Md. im** und **Md. l** einen recht beträchtlichen Zuwachs der Gliadichte. Auch beim **Md. m** und **Md. dm** kann wohl mit einem — wenn auch geringem — Gliazellzuwachs gerechnet werden. D. h. also, wir finden beim Vergleich dieser beiden Fälle, die sich ja in bezug auf die Ganglienzahl sychron verhielten, ein geradezu gegensätzliches Verhalten bezüglich der Gliadichte — jedenfalls in 4 von diesen Kernen.

Im Falle **Bu 19** können wir — wie aus den **Tabellen 1** und **12** hervorgeht — kaum von einer Gliavermehrung gegenüber der durchschnittlichen „Norm" sprechen. Über den Ganglienzellausfall muß gesagt werden, daß er in den von uns betrachteten Fällen (**Bu 3**, **Bu 20**, **Bu 1**, **Bu 21** und **Bu 19**) die geringste Nervenzellzahl-Verminderung aufweisen konnte.

Betrachten wir nun die entsprechenden Verhältnisse bei der paranoiden Erkrankungsgruppe, bei der wir ja auch die Ganglienzelldichte pro Gesichtsfeld kennen, so war es hier **Bu 11**, der die kleinste Zellzahl-Verminderung gegenüber der durchschnittlichen „Norm" hatte. Im Gegensatz dazu fällt jedoch bei den Gliazellzahlen eindeutig auf, daß in sämtlichen Nuclei eine Vermehrung derselben vorhanden ist. Sie schwankt zwischen 15% und 30% des durchschnittlichen „Normwertes". Es zeigt sich hier ein gegensätzlicheres Verhalten, als wir es bei **Bu 19** der S—K beobachten konnten. Der ebenfalls mit einer schwachen Ganglienzellverminderung belastete Fall **Bu 62**, bei dem die Nervenzellzahlen gegenüber **Bu 11** keinen signifikanten Unterschied aufwiesen, zeigt aber einen solchen in bezug auf die Gliadichte. Im **Bu 7** (S—P) ist die Gliazelldichte — ausgenommen im **Md. p** — gegenüber der von **Bu 62** statistisch nicht eindeutig different. In bezug auf die Ganglienzellzahl besteht zwischen **Bu 7** einerseits und **Bu 62** und **Bu 11** andererseits ein deutlicher Unterschied, denn **Bu 7** zeigt eine fast ebenso starke Zellverminderung, wie es die Fälle **Bu 3** und **Bu 21** bei S—K aufweisen.

Es läßt sich somit sagen, daß keine Koordinationen innerhalb der einzelnen Krankheitsgruppen zwischen Nervenzellverminderung und Gliazellvermehrung festzustellen ist. Auch scheint für den Einzelfall bezüglich der Gliadichte kein Zusammenhang mit dem Krankheitsbild der Schizophrenie zu bestehen.

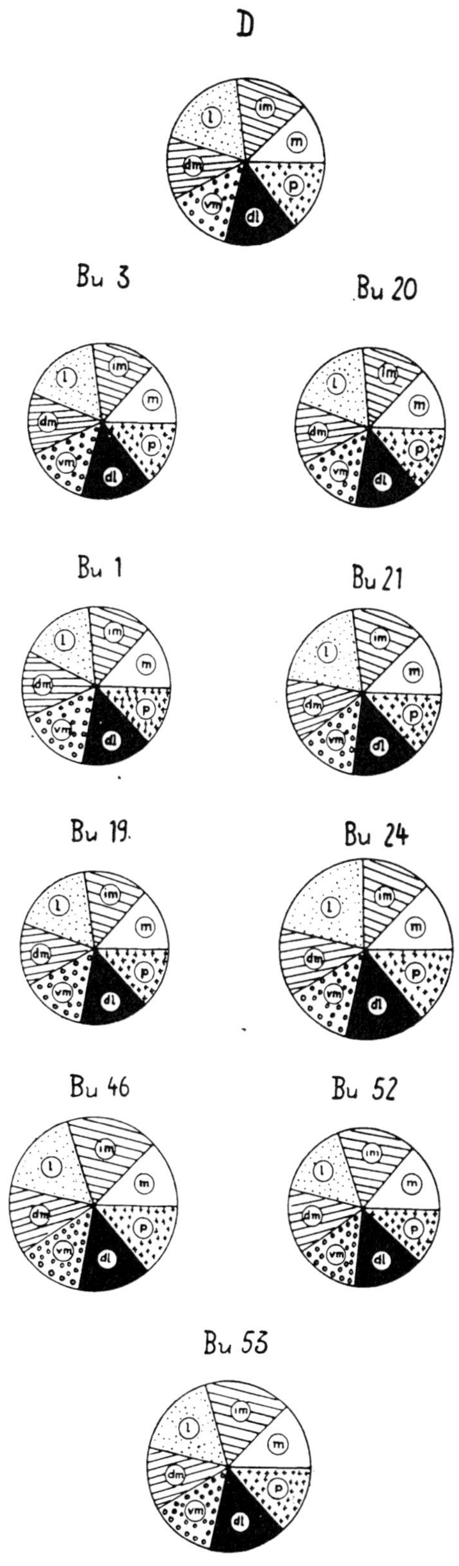

Abb. 6. Populationsverhältnisse der Gliazelldichte bei der katatonen Erkrankungsgruppe ohne Schocktherapie.

Ein entsprechendes Verhalten offenbart sich auch in der Gruppe S—K—S. Hier ist es **Rab 11**, der fast durchgehend eine recht beträchtliche Gliavermehrung gegenüber der „Norm" aufzuweisen hat. Auch in einzelnen Kernen der übrigen Fälle bestehen Gliazellvermehrungen, wie dies im einzelnen in der **Tabelle 24** ersichtlich wird. Aussagen über die Ganglienzelldichte können wir hier nicht treffen.

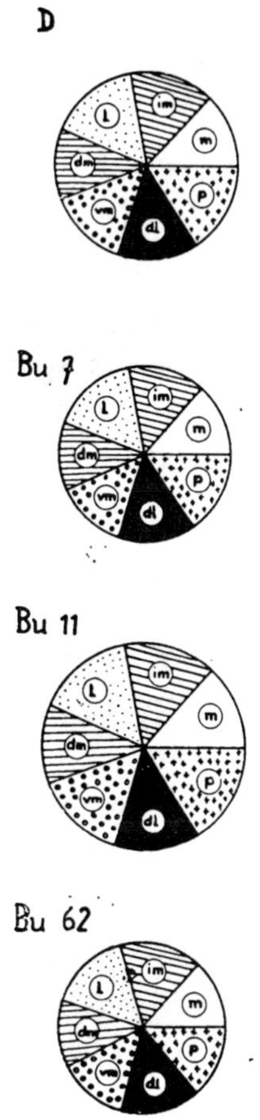

Abb. 7. Populationsverhältnisse der Gliazelldichte bei der paranoiden Erkrankungsgruppe.

Dieses z. T. unterschiedliche Verhalten der Fälle innerhalb ein und desselben Kernes einerseits und das auch wiederum auftretende gleichsinnige Verhalten geht auch deutlich aus den **Abbildungen 3** und **4** hervor. Hier haben wir Nuclei dargestellt, bei denen in den einzelnen Fällen einmal große Unterschiede bezüglich der Zelldichte, zum anderen kleine Unterschiede derselben bestehen.

Wir können also abschließend über die Gliazelldichte sagen, daß wir für den *Einzelfall* keine schlüssige Aussage über eine Gliazellvermehrung im schizophrenen Erkrankungsfalle treffen können, weil wir einmal nicht die betreffende Gliadichte vor der Erkrankung kennen und zum anderen die Schwankungen der Gliavermehrungen bei der Erkrankung derartig groß sind, daß eine Entscheidung unmöglich wird.

Betrachten wir jedoch die *Durchschnittswerte*, so weisen fast alle Nuclei in sämtlichen Erkrankungsgruppen eine größere Gliadichte auf als die, die in den klinisch gesunden Gehirnen festzustellen waren. Eine gleiche Aussage konnte Haug in bezug auf seine verschiedenen Glia-Nervenzell-Koeffizienten innerhalb der Sehrinde zwischen Gesunden und schizophren Erkrankten treffen. Diese Feststellung steht im gewissen Gegensatz zu der Aussage, die wir über die Nervenzelldichte bei schizophren Erkrankten machen konnten.

Auf eine Tendenz bezüglich der Durchschnittswerte der Gliazelldichte innerhalb der einzelnen Erkrankungsgruppen möchten wir noch aufmerksam machen: Die beiden Erkrankungsgruppen (S—K und S—P), die keine Schocktherapie erfahren haben, haben in den meisten Nuclei eine signifikant größere Gliazelldichte als die Gruppe der S—K—S. Eine Beziehung zwischen der Anzahl der Schockbehandlungen und der Gliazelldichte konnte nicht festgestellt werden. Einmal war das Material hierfür zu gering und zum anderen sind die gefundenen Werte so unterschiedlich, daß keine Koordination möglich war.

Die durchschnittlichen Populationsverhältnisse zeigen in den verschiedenen Krankheitsgruppen, wie wir es schon in der Beurteilung der Befunde ausführlich dargestellt hatten, nur in einigen Kernen mäßige Unterschiede auf. Auch für die einzelnen Fälle gilt die verhältnismäßige Konstanz der Gliazelldichte der einzelnen Kerne zueinander. Ein Blick auf die **Abbildungen 5—8** zeigt es an der gleichmäßigen Größe der einzelnen Sektoren in den dargestellten Kreisen recht deutlich. Auffällig ist hierbei nur, daß die Kreisgröße in der **Abbildung 6** bei **Bu 24**, **Bu 46** und **Bu 21**, in der **Abbildung 7** bei **Bu 11** und in der **Abbildung 8** bei **Rab 11** gegenüber den anderen vergrößert dargestellt werden mußte, weil ja der Radius der einzelnen Kreise von der errechneten gesamten Gliazellzahl abhängig ist.

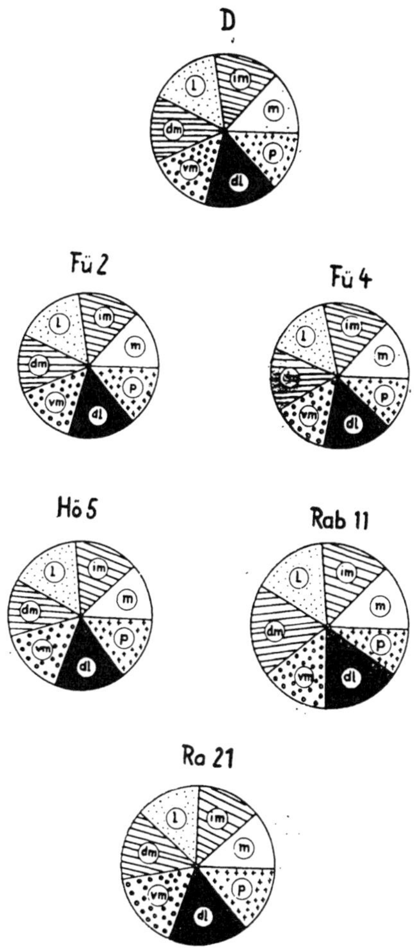

Abb. 8. Populationsverhältnisse der Gliazelldichte bei der katatonen Erkrankungsgruppe mit Schocktherapie.

Trotzdem wir in einigen Fällen eine stärkere Gliavermehrung feststellen konnten, ist das Verhältnis der Gliazelldichte der einzelnen Kerne untereinander kaum verändert worden. Auf die Konstanz der Kreisgrößen und ihrer darin eingezeichneten Sektoren (**Abbildung 5**), die die klinisch Gesunden darstellen, soll an dieser Stelle noch besonders hingewiesen werden.

B. Vergleich der Streuungen und Varianzen bei den einzelnen Gruppen

Wie aus der **Tabelle 7** hervorgeht, liegen die *Streuungen* der Durchschnittswerte bei den klinisch Gesunden unter denen, die wir bei den Erkrankten fanden. Dies ist erwartungsgemäß, da wir ja für die Erkrankten einmal eine durchschnittliche Glia*vermehrung* feststellen konnten und zweitens der Schwankungsbereich der Gliazellzahlen in den einzelnen Kernen z. T. erheblich größer war, als es bei der normalen Vergleichsgruppe beobachtet wurde. Beide Tatsachen finden in der erhöhten Streuung ihren Ausdruck.

Den größten Schwankungsbereich der Gliazellzahlen für die einzelnen Kerne zeigt S—K. Die paranoide Erkrankungsgruppe hat nahezu den gleichen Schwankungsbereich der Streuung, wie diese der klinisch Gesunden, wobei wir aber nicht außer acht lassen dürfen, daß diese Erkrankungsgruppe nur 3 Fälle umfaßt, obwohl diese in bezug auf die Gliazellzahlen recht unterschiedlich waren. Zwischen beiden Gruppierungen müssen die mit Schocktherapie behandelten Krankheitsfälle eingeordnet werden.

Einen Aufschluß über die Verteilung der Gliazellen in den untersuchten Nuclei gibt uns die *Varianz.*

Die Befunderhebung hat schon deutlich gemacht, daß in sämtlichen Erkrankungsgruppen die Varianz gegenüber den klinisch Gesunden gesunken ist.

Da wir nun die Größe der Varianz zur Charakterisierung der Verteilung der Zellen innerhalb einer Struktur ansehen, müssen wir aus dieser Tatsache folgern, daß durch die stattgehabte durchschnittliche Gliavermehrung eine gleichmäßigere Verteilung der Gliazellen im Gewebe erfolgt ist.

Wie aus qualitativer Betrachtung jedem Beobachter bekannt ist, ist die Glia viel gleichmäßiger im Gewebe verteilt als die Nervenzellen. Dies geht auch eindeutig aus dem Vergleich der Varianzen der Nervenzellarten mit denen der Gliazellen in unseren quantitativen Betrachtungen hervor.

Aus diesem Vergleich können wir weiterhin ersehen, daß hier eine Vermehrung der Gliazellzahlen zu einer noch gleichmäßigeren Verteilung der Zellen innerhalb der Nuclei geführt hat. Während in der Betrachtung über den Nervenzellausfall dort die Verminderung einen gleichen Effekt erzielen konnte. Allerdings bestehen in bezug auf die Gleichmäßigkeit der Verteilung zwischen Nervenzellen und Gliazellen weiterhin Unterschiede.

C. Vergleich der Gliazell-Nervenzell-Koeffizienten zwischen klinisch Gesunden und Erkrankten.

Zum Vergleich mit den klinisch Gesunden stehen uns zwei von den bisher drei erwähnten Erkrankungsgruppen zur Verfügung. Es sind dies S—K und S—P.

Wenn wir feststellten, daß im Durchschnitt sich einmal eine Vermehrung der Glia gegenüber den klinisch Gesunden, zum anderen eine Verminderung der Ganglienzellzahl bei den Erkrankten nachweisen ließ, so erwarten wir — gemäß der Definition des Gliazell-Nervenzell-Koeffizienten — eine deutliche Erhöhung bei den erkrankten Gruppen im Vergleich zu den Gesunden.

Die Erhöhung kann nun durch folgende Möglichkeiten bedingt sein:

1. Bei gleichbleibender Gliazelldichte durch eine Abnahme der Ganglienzelldichte.
2. Bei gleichbleibender Nervenzelldichte durch zunehmende Gliazelldichte.
3. Durch die Erhöhung der Gliazelldichte und eine gleichzeitige Verminderung der Nervenzelldichte.

Treten Verminderungen dieses Quotienten auf, so können diese durch folgende Bedingungen entstehen:

a) Bei gleichbleibender Gliadichte müßte die Ganglienzellzahl zunehmen (??).
b) Bei gleichbleibender Nervenzelldichte eine Abnahme der Gliadichte.
c) Abnahme der Gliazelldichte und Zunahme der Nervenzelldichte (??).

Von den letzgenannten drei hypothetischen Möglichkeiten (a—c) sind die Punkte a) und c) von vornherein zu verwerfen, da nach abgeschlossener Entwicklung des Gehirns keinerlei Ganglienzellvermehrung mehr stattfindet. Es sei denn, diese sei eine ,,passive", die durch Schrumpfungsprozesse ohne Nervenzell-zahl-Veränderung entstehen würde. (Damit erhöht sich natürlich die Ganglienzellzahl pro betrachteter Volumeneinheit.)

In unserem untersuchten Kerngebiet stellten wir immer eine — wenn auch graduell unterschiedliche — Nervenzellminderung fest. Eine isolierte Gliazellabnahme (b)) ohne Nervenzellausfall, konnte jedoch nicht beobachtet werden.

Hieraus erklärt sich, daß wir auch in keinem Erkrankungsfalle eine Verminderung des Gz./Nz. bei den schizophren erkrankten Fällen feststellen konnten (**Tabellen 6, 10, 16** und **22**). Hätten wir eine solche beobachten können, so hätte dieser Fall nur dann eintreten können, wenn die Gliaverminderung der festgestellten Nervenzellverminderung zahlenmäßig vorausgeeilt wäre.

Übertragen wir die unter 1.—3. genannten Möglichkeiten für die Erhöhung des Koeffizienten auf die Ergebnisse unseres Untersuchungsmaterials, so müssen wir zunächst einmal feststellen, daß *stets* eine Ganglienzellverminderung in den erkrankten Fällen erfolgt war, die zwar für die einzelnen Kerne unterschiedlich ist.

Tabelle 30.
Siehe untenstehender Text

	S—K	S—P
Md. m	0,29	0,33
Md. im	2,00	2,20
Md. l	1,25	0,41
Md. dm	0,63	0,77
Md. vm	0,24	0,70
Md. dl	0,09	0,17
Md. p	0,09	1,38

Zum anderen zeigten die vorliegenden Untersuchungen ein Gleichbleiben, wie auch eine Zunahme der Gliazelldichte in den einzelnen Nuclei. Auch diese war verschieden stark.

Aus diesen Tatsachen müssen wir also folgern, daß die unter 1. und 3. angeführten Möglichkeiten im vorliegenden Untersuchungsmaterial in Erscheinung treten.

Um nun einen Aufschluß über den jeweiligen Anteil der Beeinflussung der Gz./Nz. durch die Gliaveränderungen einerseits und die Ganglienzellverminderung andererseits zu erhalten, bildeten wir aus den Durchschnittswerten der prozentualen Zunahme der Gliazellen und der prozentualen Abnahme der Nervenzellen gegenüber der ,,Norm" die Quotienten für die einzelnen Nuclei der jeweiligen Erkrankungsgruppen. Sie sind in der **Tabelle 30** angeführt.

Aus ihr geht hervor, daß alle Quotientenwerte die größer als 1 sind, dadurch bedingt sind, daß eine stärkere Zunahme der Gliadichte erfolgt ist, während die prozentuale Abnahme der Nervenzellen kleiner war.

Bei allen Werten, die kleiner sind als 1, war die prozentuale Abnahme der Nervenzellen stärker als die prozentuale Zunahme der Gliazellen.

Der Fall der prozentual stärkeren Gliavermehrung trifft für den **Md. im** (S—K und S—P) — für diesen Kern war auch die kleinste Ganglienzellzahl-Verminderung festgestellt worden —, für den **Md. l** (S—K) und **Md. p** (S—P) zu. Alle anderen Kerne beider Erkrankungsgruppen zeigen eine stärkere Ganglienzellabnahme als gleichzeitige Gliazellzunahme.

Die Erhöhung des Gliazell-Nervenzell-Koeffizienten, die durchgehend festgestellt wurde, ist also in der Hauptsache auf eine Ganglienzell-Verminderung zurückzuführen, die wir ja auch mit Regelmäßigkeit finden konnten.

Die Gliazellvermehrung spielt dagegen eine untergeordnete Rolle, da sie einmal für den Einzelfall nicht mit der Konstanz erhalten wurde, wie die Ganglienzellverminderung und zum anderen ihr Auftreten unsystematisch war.

Wir können somit feststellen, daß die Veränderungen der Gliadichte bei unseren schizophrenen Erkrankungsfällen völlig unspezifisch erscheinen.

Um die Veränderungen der Dichte — sowohl der Nervenzellen als auch der Gliazellen —, wie sie zahlenmäßig in den Tabellen zu finden sind, auch einmal optisch zu veranschaulichen, wurde die **Abbildung 9** angefertigt. Auf der Ordinate ist die Nervenzelldichte und auf der Abszisse die Gliazelldichte aufgetragen. Die schwarzen Rhomben bedeuten die Dichten der klinisch Gesunden, die hellen die der Katatonen und schließlich die schraffierten die der paranoiden Erkrankungsgruppe.

Durch die Einbeziehung der Konfidenzbereiche konnten die einzelnen Kerne als Rhomben dargestellt werden, wobei die Spitzen in der Ordinatenrichtung die Konfidenzbereiche der Nervenzelldichte zeigen und die Spitzen in der Abszissenrichtung diese der Gliazellzahlen. Die jeweiligen Mittelwerte befinden sich im Schnittpunkt der Diagonalen.

Durch die Zellverluste der Nervenzellen einerseits und die Gliazellvermehrung andererseits finden wir die Erkrankten (helle und schraffierte Rhomben) im Schaubild weiter nach unten und nach rechts verschoben.

Obwohl der Maßstab für die Gliazellzahl gegenüber dem für die Nervenzellzahl verkleinert ist, erscheint die Zunahme der Gliadichte stärker ausgeprägt als die Abnahme der Nervenzellzahl. Die Begründung für diese Erscheinung ist darin zu suchen, daß einmal die Menge der Gliazellen ein Vielfaches derer der Nervenzellen im Gesichtsfeld beträgt und zum anderen die absolute Zahlenvermehrung der Gliazellen die numerische Abnahme der Nervenzellen bei den schizophren Erkrankten übersteigt. Jedoch prozentual gesehen ist der Nervenzellausfall gravierender als die Gliazellenzunahme.

Um auch dies zu veranschaulichen, haben wir in der **Abbildung 10** die prozentualen Glia- und Nervenzellveränderungen graphisch dargestellt. Die Durchschnittswerte für die klinisch Gesunden der Glia- und Nervenzelldichte eines jeden Kernes wurden gleich 100% gesetzt. Auf der Abszisse sind die Prozentsätze für die Nervenzelldichte und auf der Ordinate diese der Gliazelldichte aufgetragen. Das Schaubild verdeutlicht nun — im Gegensatz zu der **Abbildung 9** —, daß die prozentuale Nervenzellabnahme eindrucksvoller in Erscheinung tritt als die Gliazellzunahme.

Im allgemeinen kann gesagt werden, daß sich beide Erkrankungsgruppen (Katatone und Paranoide) recht gleichmäßig verhalten, was in ihrem paarweisen Auftreten der dargestellten Pfeile zum Ausdruck kommt. Ausgenommen sind hiervon der **Md. l** und **Md. p**, die durch ihre verschiedene Gliazellvermehrung eine größere Divergenz der Pfeile zeigen, während beim **Md. vm**

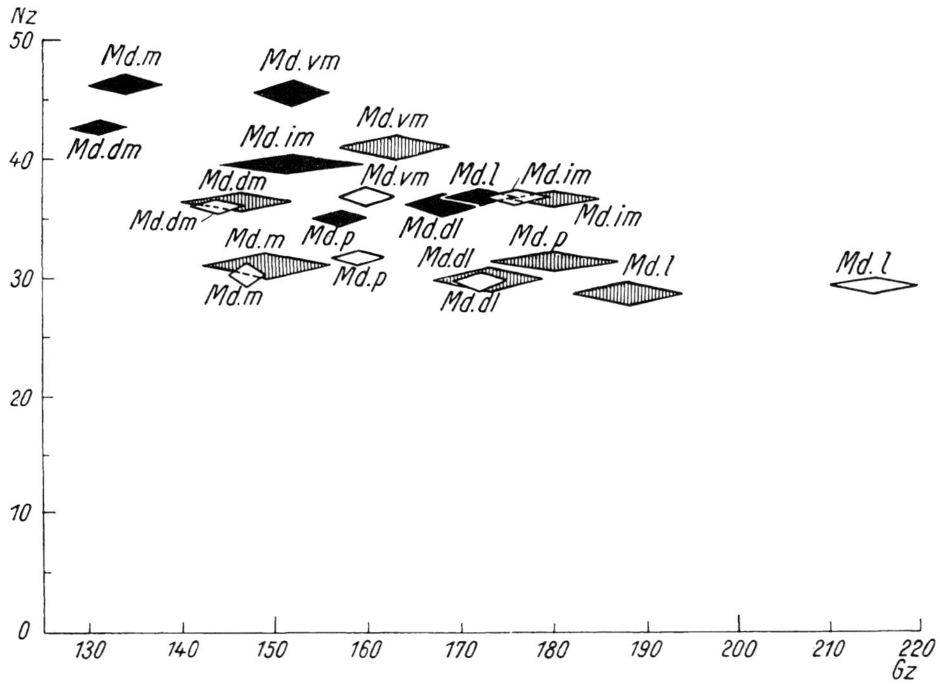

Abb. 9. Beziehungen zwischen der absoluten Abnahme der Nervenzelldichte und der absoluten Zunahme der Gliazelldichte der einzelnen Vergleichsgruppen (schwarze Rhomben: klinisch Gesunde; helle Rhomben: katatone Erkrankungsgruppe ohne Schocktherapie; schraffierte Rhomben: paranoide Erkrankungsgruppe).

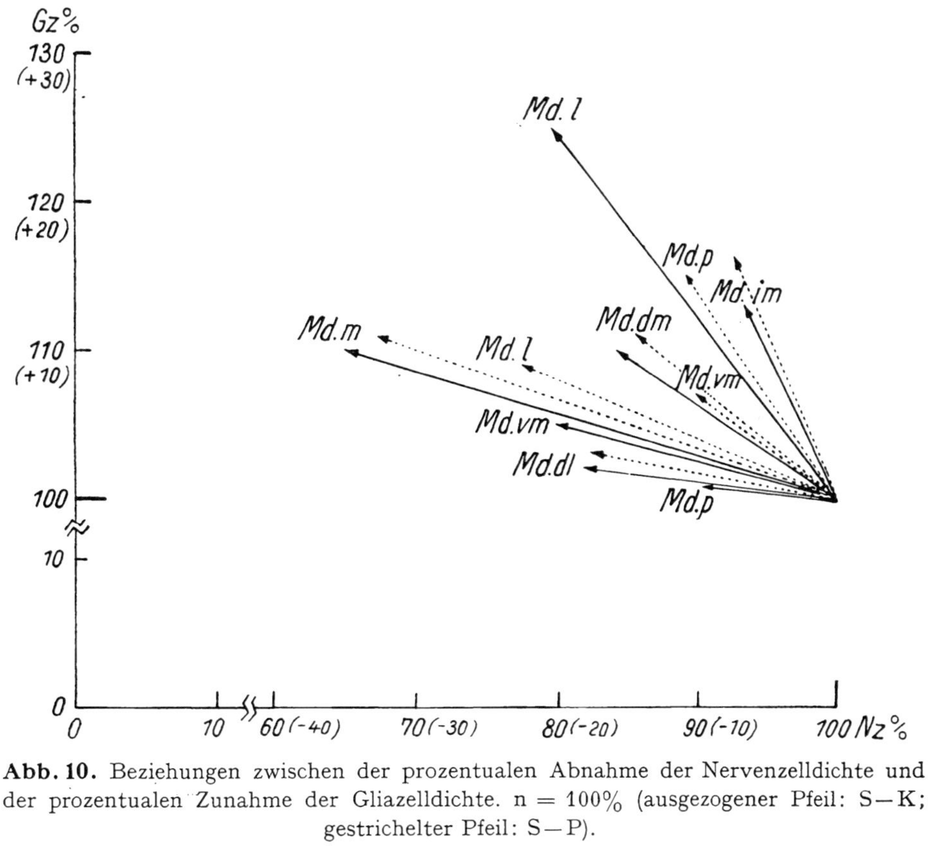

Abb. 10. Beziehungen zwischen der prozentualen Abnahme der Nervenzelldichte und der prozentualen Zunahme der Gliazelldichte. n = 100% (ausgezogener Pfeil: S—K; gestrichelter Pfeil: S—P).

die Divergenz durch eine differente Nervenzellabnahme bei den beiden hier betrachteten Erkrankungsgruppen verursacht wird.

D. Bestehen quantitativ-morphologische Beziehungen zwischen Gliazellen und Nervenzellen?

Auf einen Zusammenhang, der wahrscheinlich nicht zufällig ist, möchten wir noch aufmerksam machen. Die Nuclei, deren Strukturen verhältnismäßig große Ganglienzellen (**Md. l**, **Md. p** und **Md. dl**) aufweisen, zeigen stets eine größere Gliazelldichte, als diejenigen, deren Strukturen vorwiegend aus kleinen Zellen aufgebaut sind.

Da nun noch hinzukommt, daß die relativ großzelligen Nuclei auch eine etwas kleinere Nervenzelldichte aufweisen, sind auch entsprechend der Definition ihre Gliazell-Nervenzell-Koeffizienten höher, als das bei den anderen der Fall ist.

Weil uns bis jetzt keine quantitativen Angaben über die Zellvolumina dieses Supranucleus bekannt sind, läßt sich ein definitiver Schluß nicht ziehen. Aber wiederholt ist in der Literatur beschrieben worden, daß der Glia im Nervengewebe eine trophische Funktion zukommt. Friede konnte auch bei proliferierender Glia histochemisch einen erhöhten Glykogengehalt nachweisen.

Wie auch andere Autoren (E. Fünfgeld, Josephy, Peters, u. a.) wiederholt feststellten, erscheint bei der mikroskopischen Betrachtung der Strukturen schizophren erkrankter Fälle keine ausgesprochene Gliaproliferation vorzuliegen. Dennoch zeigen unsere quantitativen Ergebnisse, daß im Durchschnitt eine geringe Gliavermehrung gegenüber dem klinisch gesunden Vergleichsmaterial stattgefunden hat. Eine Tatsache, die auch bei qualitativer Untersuchungsmethodik von K.-J. Hempel am gleichen Material beschrieben werden konnte.

Für den Einzelfall kann diese Feststellung nicht immer aufrecht erhalten werden, da die gefundenen Gliazahlen bei Schizophrenen oft in dem Bereich der „normalen" individuellen Schwankungsbreite liegen und diese Gliavermehrung — im Gegensatz zur Nervenzellverminderung — einen recht unregelmäßigen Befund im vorliegenden Material darstellten.

Dennoch zeigen die mit Regelmäßigkeit erhöhten Gliazell-Nervenzell-Koeffizienten auch im Einzelfall der schizophren Erkrankten, daß eine — wenn auch relative, oder ggf. passive — Gliavermehrung stattfindet. D. h. in keinem Falle ist eine Verminderung der Gliazelldichte gegenüber der „Norm" nachweisbar.

Wenn wir der Glia, wie oben gesagt, eine trophische Funktion zudiktieren und vielleicht bei klinisch Gesunden zwischen der Anzahl und dem Volumen der Ganglienzellen und der Anzahl der Gliazellen in einer gegebenen Struktur ein konstantes Zahlenverhältnis besteht, so müßte — da wir ja in allen Nuclei bei den Schizophrenen eine Nervenzellverminderung feststellen konnten — zur Konstanterhaltung dieses Zahlenverhältnisses die Gliazelldichte abnehmen.

Dieses würde sich in einem Konstantbleiben des Gliazell-Nervenzell-Koeffizienten ausdrücken.

Da nun die Gliadichte trotz der Verminderung der Nervenzelldichte bei den schizophren Erkrankten der „Norm" gegenüber zumindestens gleich bleibt, muß der Koeffizient ansteigen.

Wir haben also hier eine relative Gliavermehrung vor uns.

Daneben findet sich in verschiedenen Fällen eine absolute Gliavermehrung, wie es die erhöhte Gliazelldichte gegenüber der „Norm" zum Ausdruck bringt. Dies betrifft besonders häufig den relativ zellgroßen Nucleus **Md. 1** in fast allen untersuchten Fällen.

Es ließ sich keinerlei Parallelität zwischen der Stärke des Nervenzellausfalls einerseits und der Stärke der relativen, bzw. absoluten Gliavermehrung nachweisen. So lagen bei uns folgende Möglichkeiten vor:

1. Im Fall **Bu 3** wurde eine starke Nervenzellverminderung bei konstanterhaltener Gliadichte gegenüber der „Norm" festgestellt. (starke relative Gliazellvermehrung).
2. Bei **Bu 21** paart sich eine starke Nervenzellabnahme mit einer ebensolchen Gliazellzunahme. (starke absolute und relative Gliazellvermehrung).
3. In **Bu 11** ließ sich bei relativ geringer Nervenzellverminderung in allen Nuclei eine verhältnismäßig starke Gliaanreicherung feststellen. (schwache relative und starke absolute Gliazellvermehrung).
4. In **Bu 62** zeigte sich bei ebenfalls geringem Nervenzellausfall keine Gliavermehrung gegenüber der „Norm". (schwache relative Gliazellvermehrung).

Die zahlenmäßigen Unterschiede des Gliazell-Nervenzell-Koeffizienten der einzelnen Nuclei in den verschiedenen Fällen sind durch diese Kombinationsmöglichkeiten bedingt. Aber immer liegt der Gliazell-Nervenzell-Koeffizient bei den schizophren Erkrankten höher als es bei den klinisch Gesunden der Fall ist.

V. Zusammenfassung

Für unsere Untersuchungen lagen 4 Vergleichsgruppen vor, die sich aus 5 Fällen klinisch Gesunder, 9 Katatonien ohne Schocktherapie (S—K), 3 Paranoiden ohne Schocktherapie (S—P) und 5 Katatonien mit Schocktherapie (S—K—S) zusammmensetzten.

Die Bestimmung der Gliazelldichte erfolgte durch Zählung sämtlicher jeweils im Gesichtsfeld vorhandener Gliazellen bei 210-facher Vergrößerung. Es wurden jeweils 30 Gesichtsfelder für jeden Nucleus ausgezählt. Diese Anzahl genügte, weil bei der statistischen Auswertung die Konfidenzbereiche der Mittelwerte der Gliazelldichten die von uns festgelegte $\pm$ 10%-Grenze nicht überschritten.

Die Ergebnisse unserer Untersuchungen waren folgende:

1. Bei den klinisch Gesunden war die Gliazelldichte der einzelnen Kerne nur zum Teil signifikant unterschiedlich.
2. Der individuelle Schwankungsbereich war bei den Gliazelldichten der klinisch Gesunden für die Nuclei nicht größer als $\pm 10\%$.
3. Die Gliazelldichten bei den Erkrankungsgruppen waren in den einzelnen Fällen für die betreffenden Nuclei außerordentlich unterschiedlich.
4. Die Durchschnittswerte der Gliazelldichten der Erkrankungsgruppen wiesen aber gegenüber den klinisch Gesunden eine Gliavermehrung auf.
5. Alle *durchschnittlichen* Gliazellzunahmen, die größer waren als 5%, sind als statistisch eindeutig zu werten. Für die Betrachtung des *Einzelfalles* muß die Gliavermehrung mehr als 10% gegenüber der durchschnittlichen Norm betragen, um statistisch eindeutig zu sein.
6. Gesicherte Unterschiede der Gliazelldichten der verschiedenen Erkrankungsgruppen unter sich konnten nicht festgestellt werden.
7. Die individuelle Schwankungsbreite ist bei S—K wesentlich größer als bei den klinisch Gesunden. Bei den beiden anderen Erkrankungsgruppen ist sie nur unwesentlich höher.
8. Aus der Verkleinerung der Varianz gegenüber den klinisch Gesunden müssen wir bei den Erkrankungsgruppen durch die stattgehabte durchschnittliche Gliavermehrung eine gleichmäßigere Verteilung der Gliazellen im Gewebe folgern.
9. Aus der bekannten Gliazelldichte und Nervenzelldichte wurde der Gliazell-Nervenzell-Koeffizient gebildet. Er erfährt bei S—K und S—P eine deutliche Erhöhung. Dies gilt nicht nur für den Durchschnitt, sondern auch für den Einzelfall. Der Gliazell-Nervenzell-Koeffizient für S—K—S konnte nicht errechnet werden, da wir für diese Erkrankungsgruppe keine Maßzahlen der Nervenzellen hatten.
10. Aus den gefundenen Zahlenwerten — sowohl denen der Gliazelldichte, als auch denen des Gliazell-Nervenzell-Koeffizienten — macht sich die Tendenz bemerkbar, daß bei Nuclei mit größeren Nervenzellen diese höher sind, als bei Nuclei mit vorwiegend kleineren Ganglienzellen.

VI. Literaturverzeichnis

David, G. B., Die pathologische Anatomie der Schizophrenien s. D. Richter. — Ferrero, C., Le champ frontal granulaire magnocellulaire de l'écorce cérébrale. Schweiz. Arch. f. Neur. **59**, 41 (1947). — Fisher, R. A., Statistical methods for research workers London 1948, 10. Auflage. — Friede, R., Gliaindex und Hirnstoffwechsel. Wien. Zschr. f. Nervenheilkunde **7**, 143 (1953). — Fünfgeld, E., Über anatomische Untersuchungen bei Dementia praecox mit besonderer Berücksichtigung des Thalamus opticus. Z. Neur. **95**, 411 (1925). — Ders., Über die pathologische Anatomie der Schizophrenie und ihre Bedeutung. Mschr. Psychiatr. **63**, 1 (1927). — Glees, P., Neuroglia, morphology and function, Blackwell, scientific publications, Oxford 1955. — Haug, H., Der Grauzellkoeffizient des Stirnhirns der Mammalia in einer phylogenetischen Betrachtung, I. Teil Acta Anat. **19**, 69 (1953). Ders., Quantitative Untersuchungen an der Sehrinde Georg. Thieme Verlag,

Stuttgart 1958. — Hempel, K.-J., Histopathologische Untersuchungen am Supranucleus medialis-dorsalis thalami bei Schizophrenie. J. f. Hirnforsch. **4**, 205 (1958 — Hempel, K.-J., und Treff, W. M., Quantitativ-morphologische Untersuchungen am Supranucleus medialis-dorsalis thalami. J. f. Hirnforsch. **4**, 149 (1958). — Hopf, A., Orientierende Untersuchungen zur Frage patho-anatomischer Veränderungen im Pallidum und Striatum bei Schizophrenie. J. f. Hirnforsch. **1**, 96. (1954). — Josephy, H., Beiträge zur Histopathologie der Dementia praecox. Z. f. d. ges. Neur. und Psych. **86**, 361 (1923). — Ders., Die Dementia praecox. Bumke: Die Anatomie der Psychosen. Hdb. d. Geisteskrh. XI (VII), 763, Springer, Berlin 1930. — Kryspin-Exner, W., Beiträge zur Morphologie der Glia im Nissl-Bild. Z. Anat. Entw. Gesch. **112**, 389 (1943). — Ders., Über die Architektonik der Glia im ZNS des Menschen und der Säugetiere. 1. Int. Neuropathol. Kongreß, Rom 1952. — Namba, M., Über die feineren Strukturen des medio-dorsalen Supranucleus und der Lamella medialis des Thalamus beim Menschen. J. f. Hirnforsch. **4**, 1 (1958). — Oepen, H., Über histologische Hirnbefunde bei Schizophrenie nach 12jähriger somatischer Behandlung (355 EKB) J. f. Hirnforsch. **2**, 127 (1956). — Peters, G., Zur Frage der pathologischen Anatomie der Schizophrenie. Z. f. d. ges. Neur. und Psych. **160**, 361 (1937). — Richter, D., Schizophrenie, somatische Gesichtspunkte. Georg Thieme Verlag, Stuttgart 1957. — Schroeder, A. H., Gliaarchitektonik des ZNS. Hdb. f. Neur. Bumke-Foerster **1**, 791 (1935). — Treff, W. M., und Hempel, K.-J., Die Zelldichte bei Schizophrenen und klinisch Gesunden. Eine quantitativ-morphologische Untersuchung im Thalamus beim Menschen. J. f. Hirnforsch. **4**, 316 (1958).

Aus dem Institut für Hirnforschung und allgemeine Biologie, Neustadt/Schwarzwald
(Direktor: Prof. Dr. med. O. Vogt)
und dem Pathologischen Universitätsinstitut Leipzig

Quantitative Untersuchungen über relative Zell- und Zellkernvolumina bei klinisch Gesunden und Schizophrenen

Von

W. M. Treff und K.-J. Hempel

Mit 12 Tabellen und 5 Abbildungen im Text

Inhaltsverzeichnis

I. Problemstellung

In Fortführung unserer bisherigen quantitativen Untersuchungen, die ausschließlich die numerischen Zelldichten und weitere numerische Maßzahlen für eine Charakterisierung struktureller Eigenheiten zytoarchitektonischer Einheiten betrafen, wollen wir hier unsere Aufmerksamkeit dem relativen Strukturvolumen (Haug 1959) und den *relativen Volumenmaßzahlen* der einzelnen Nervenzellen zuwenden.

In dem von uns untersuchten Kerngebiet (Supranucleus medialis-dorsalis thalami beim Menschen) konnten wir statistisch gesicherte Unterschiede der numerischen Zelldichte zwischen klinisch Gesunden und schizophren erkrankten

Gehirnen feststellen (W. M. Treff und K.-J. Hempel). Somit ist auch eine gleichgerichtete Unterschiedlichkeit des relativen Strukturvolumens zu erwarten.

Auf Grund der histopathologischen Zellveränderungen (O. Vogt 1948, H. Bäumer 1954, K.-J. Hempel 1958) müssen wir auch mit einem partiellen Volumenverlust der erkrankten Nervenzellen rechnen, wenn die beschriebenen und umstrittenen pathologischen Zustandsbilder der Ganglienzellen (Schwundzellen u. a.) existent sind. Darüber hinaus bedarf die Frage der Volumenverminderung der einzelnen Zelle einer Klärung insofern, als die numerische Zelldichte von dem Volumen der Zelle und der Schnittdicke abhängig ist (s. auch Haug 1953).

Quantitative Untersuchungen über die Zellgrößen können schon bis zur Jahrhundertwende zurückverfolgt werden. Damals stellten Amelung 1893, Bethe 1891 und Kölliker 1902 vergleichende Untersuchungen über die Zellgröße an. 1903 prägt R. Hertwig den Begriff der „Kern-Plasma-Relation", und 1925 beginnt Jakobj die Kerngrößen zu untersuchen.

In neuerer Zeit stellten besonders Agduhr (1941) mathematisch-kritische Untersuchungen über die Zahlenverhältnisse in Abhängigkeit von der Schnittdicke an. Auch Hintzsche 1945/46 widmet besonders der statistischen Seite der Kerngrößenforschung seine Aufmerksamkeit. Neben anderen Untersuchern beschäftigte sich letzthin Haug (ab 1955) mit der Erfassung der Größe des relativen Strukturvolumens, die er mit Hilfe einer von Chalkley 1943 inaugurierten Methode durchführte, und die er für das ZNS erweiterte und als „Treffermethode" bezeichnet hat.

In unseren vorliegenden Untersuchungen haben wir uns dieser Methode bedient. Wir wollen mit dieser — wie Haug — Aussagen über das relative Strukturvolumen treffen, wie auch darüber hinaus das relative Zellvolumen der einzelnen Nervenzellarten erfassen.

II. Material und Methode

1. Material

Die zur Untersuchung verwandten Gehirne stammen sämtlich aus der Sammlung des Neustädter Instituts. Es wurden frontale Serienschnitte linker Hemisphären ausgewertet, die mit Kresylechtviolett gefärbt waren. Die Schnitte waren 20 μ dick.

2. Die untersuchten Gehirne[1]

a) klinisch Gesunde (n)

A 58 24 Jahre alter Mann, tödlich verunglückt.

A 56 61 Jahre alter Mann. Verstorben während der operativen Behandlung wegen eines Larynxkarzinoms.

---

[1]) Ausführliche klinische Angaben für einen Teil der angegebenen Fälle sind in der Arbeit von Hopf (Journal f. Hirnforsch. **1**, 96 [1954/55]) einzusehen.

A 61 38 Jahre alter Mann. Gestorben an nephritischen Schrumpfnieren beiderseits. Exitus nach 2tägigem Koma.
A 65 40 Jahre alte Frau. Veronalvergiftung.
E 105 6½ Jahre alter Knabe. Gestorben an Diphtherie.

b) Katatonien *ohne* Schocktherapie (S—K)

Bu 3 21 Jahre alte Stenotypistin. 4 Jahre krank.
Klinische Diagnose: *In Schüben verlaufende Katatonie.* Tod an Bronchopneumonie bei komb. Mitralvitium und Herzinfarkt.
Bu 20 26 Jahre alte Kontoristin. 8 Jahre krank.
Klinische Diagnose: *Katatonie.*
Tod an Pneumonie.
Bu 1 37 Jahre alte Stenotypistin. 8 Wochen krank.
Klinische Diagnose: *Katatonie.*
(Hopf kann sich zu dieser Diagnose nicht mit Sicherheit bekennen und zieht eher eine Angstpsychose in Betracht.)
Bu 21 42 Jahre alte Frau. 6 Jahre krank.
Klinische Diagnose: *Katatonie.*
Tod an Bronchopneumonie bei Kachexie.
Bu 19 44 Jahre alte Kontoristin. 15 Jahre krank.
Klinische Diagnose: *Katatonie.*
Tod an hypostatischer Pneumonie.

3. *Methode*

Die Untersuchungen wurden am *Nucleus ventro-medialis* (**Md. vm**) des Supranucleus medialis-dorsalis thalami beim Menschen (**Md**) ausgeführt (Gliederung siehe M. Namba 1958), da derselbe aus zwei sehr differenten Nervenzellarten (Zellart **a**: mittelgroße Spindelzelle; Zellart **b**: kleine Polygonalzelle) aufgebaut ist, und der Befall — das sind die pathologischen Zellveränderungen (K.-J. Hempel 1958) — sowie auch der Zellausfall bei der Schizophrenie (W. M. Treff und K.-J. Hempel 1958) bei beiden Zellarten ein nahezu gleichmäßiger war.

Die Zählungen wurden mit der von Haug 1955 angegebenen „Treffermethode" durchgeführt. Dabei verwendeten wir ein Zeißsches Zählokular, dessen Zählquadrat 165 Treffermöglichkeiten pro Gesichtsfeld bietet.

Als wesentliche methodische Grundlage ist dabei zu beachten, daß man ein möglichst tiefenschärfe-freies Bild der zu untersuchenden Struktur erhält, das mit hohen mikroskopischen Vergrößerungen zu erreichen ist.

Wir benutzten deshalb eine Vergrößerung von 1260 × (bei Apertur 1,30) und werteten 100 Gesichtsfelder für jeden Fall dieses Kerngebietes aus. Die betreffenden Kerngebiete wurden vorher mit Tusche umgrenzt, da bei dieser Vergrößerung eine Abgrenzung, besonders bei stark pathologisch veränderten Zellen, gegenüber einem anderen Kerngebiet unmöglich wird.

Die so gewonnenen Trefferzahlen wurden für jede Zellart getrennt nach Zellkerntreffern und Zelltreffern registriert, wobei auch gleichzeitig sämtliche getroffenen Zellen im Gesichtsfeld gezählt wurden. Wir hatten also pro Gesichtsfeld *zwei Nervenzellarten* und *die Gliazellen* gesondert zu vermerken.

Dieses Zahlenmaterial wurde dann in der von uns angegebenen Weise [K.-J. Hempel und W. M. Treff, J. f. Hirnforsch. **4**, 149 (1958)] reihenstatistisch ausgewertet, denn die Reihenstatistik hat gegenüber der Prozentstatistik den Vorteil der größeren Genauigkeit.

Da es von vornherein beabsichtigt war, nur Unterschiede zwischen den beiden hier verglichenen Gruppen — den klinisch Gesunden einerseits und den Schizophrenen andererseits — herauszuarbeiten, begnügten wir uns, gemäß der Erfahrung anderer, mit der Auswertung von 100 Gesichtsfeldern pro Fall. Damit erreichten wir allerdings nicht die von uns bisher beachtete $\pm 10\%$ Schwankung des Konfidenzbereiches in bezug auf seinen jeweiligen Mittelwert. Für die von uns gefaßte Fragestellung genügte jedoch die hier ausgewertete Anzahl der Gesichtsfelder.

Die in der Folge angeführten Quotienten gehen aus statistisch gesichertem Zahlenmaterial hervor.

4. *Definition benutzter Begriffe* (auswertbare Größen)

a) Maßzahlen für die Struktur eines Nucleus

Unter solchen verstehen wir diejenigen Zahlen, die die Struktureigenheiten eines Gewebeabschnittes charakterisieren.

Wir haben dazu die folgenden Begriffe gewählt:

aa) Die numerische Zellzahl und numerische Zelldichte

Man erhält die Zellzahl durch Zählung der in einem Gewebsvolumen vorhandenen Zellen, wie wir es auch in unseren früheren Arbeiten durchgeführt haben (1958 u. 1959). Sie gibt Auskunft über die Größe der „numerischen Zelldichte". Wir möchten an dieser Stelle jedoch betonen, daß den von uns in dieser Arbeit angegebenen Zahlenwerten kein *absolut* geltender Wert beigemessen werden kann, da wir einmal nur die Zellen im Gesichtsfeld gezählt haben, von denen wir Trefferwerte erhielten und zum anderen bei der großen Vergrößerung erhebliche Fehlerquellen zwischen volumenmäßig großen und kleinen Zellen zu erwarten sind. Aus unseren vorangegangenen Arbeiten ist uns die numerische Zelldichte dieses Kerngebietes — die methodisch anders gewonnen wurde — genau bekannt. Wenn wir hier sie dennoch ermittelten, so geschah dies einmal, um einen Vergleich der aus beiden Methoden gewonnenen Populationsverhältnisse der beiden Zellarten dieses Kerngebietes zu ermöglichen. Zum anderen brauchen wir diese Zellzahl, um Angaben über die relativen Zellvolumina der einzelnen Nervenzellarten pro Zelle machen zu können.

bb) Die Populationsverhältnisse

Die verschiedenen Nervenzellarten eines Kerngebietes betrachten wir als seine Zellpopulation. Setzt man die Zelldichte des betreffenden Nucleus gleich 100, so kann man die Zellzahlen seiner einzelnen Nervenzellarten in Prozenten angeben. Denn die Zelldichte des Kernes ist ja die Summe aus den Zellzahlen seiner Zellpopulation.

cc) Das relative Strukturvolumen (Grauzellkoeffizient) (GK)

Die Bestimmung dieser Größe geschieht mit Hilfe der Treffermethode (Chalkley 1943, Haug 1955). Mit dieser ist es möglich, den von *Economo* eingeführten Begriff des Grauzellkoeffizienten, den GK, zu bestimmen. Der Grauzellkoeffizient wird durch den Quotienten

$$\frac{\text{Volumen eines Griseum}}{\text{in ihm enthaltenes Nervenzellvolumen}}$$

ausgedrückt. Man kann ihn als „Volumenzelldichte" auffassen, und sie ist von der numerischen Zelldichte zu unterscheiden und als weiteres Gewebscharakteristikum zu werten.

Nach der Treffermethode ist der GK der Quotient aus der

$$\frac{\text{Anzahl der möglichen Treffer}}{\text{Anzahl der erhaltenen Ganglienzelltreffer}}$$

Die Zahl der „möglichen Treffer" beträgt bei dem verwendeten Zählokular 165. Als „erhaltene Treffer" wurden nur solche gewertet, bei denen Zellstrukturen eindeutig scharf konturiert an den Kreuzungspunkten des Okularnetzes zu liegen kamen.

dd) Der Nervenzellkern-Koeffizient (NK)

Der Nervenzellkern-Koeffizient bedeutet

$$\frac{\text{Volumen eines Griseums}}{\text{Nervenzellkernvolumen}}$$

Gemäß der vorliegenden Methode wäre dies

$$\frac{\text{Anzahl der möglichen Treffer}}{\text{Anzahl der erhaltenen Nervenzellkerntreffer}}$$

Bei der Bestimmung des Grauzellkoeffizienten sind in der Anzahl der Ganglienzelltreffer die Anzahl der Nervenzellkerntreffer enthalten. Sie sind hier nur noch einmal gesondert registriert worden, um ein relatives Volumenmaß innerhalb der Struktur für die Nervenzellkern-Volumina zu erhalten. Dies ist von Bedeutung, da ja schon bei qualitativer Untersuchung eine unterschiedliche Kerngröße der Zellarten auffallen kann.

ee) Gliakoeffizient (GliaK)[1])

Dieser Koeffizient ist der Quotient aus

$$\frac{\text{Volumen eines Griseum}}{\text{Gliavolumen}}$$

Entsprechend der Treffermethode wäre dies

$$\frac{\text{Anzahl der möglichen Treffer}}{\text{Anzahl der erhaltenen Gliatreffer}}$$

Wir können mit diesem Quotienten nun auch neben der numerischen Gliazelldichte die „Gliavolumenzelldichte" beurteilen.

b) Relative Volumenmaße der einzelnen Zellen

Die im folgenden definierten Koeffizienten beziehen sich auf eine relative Volumenangabe der einzelnen Zellen des untersuchten Gewebes und sind nicht mehr als Gewebscharakteristikum im eigentlichen Sinne anzusprechen. Diese Werte sind in zweierlei Hinsicht relativ. Einmal bezüglich der absoluten physikalischen Volumenmaße und zweitens hinsichtlich der histologischen Technik — besonders der Färbung. Letztere Tatsache spielt jedoch im vorliegenden Material keine Rolle, da sämtliche Schnitte nach der gleichen Technik behandelt und gleichartig gefärbt worden sind.

aa) Relatives Nervenzellvolumen (rel. NV)

Unter diesem rel. NV verstehen wir den Quotienten

$$\frac{\text{Nervenzelltreffer}}{\text{Anzahl der dabei getroffenen Nervenzellen}}$$

Dieser Quotient wird gebildet aus den statistisch errechneten Mittelwerten sowohl der Nervenzelltreffer als auch der Anzahl der Nervenzellen von 100 ausgewerteten Gesichtsfeldern der einzelnen Nervenzellarten.

bb) Relatives Kernvolumen (rel. KV)

Das rel. KV wird bestimmt durch den Quotienten aus

$$\frac{\text{Nervenzellkerntreffer}}{\text{Anzahl der dabei getroffenen Nervenzellen}}$$

[1]) Die unter cc) bis ee) aufgeführten Koeffizienten sind der Arbeit von H. Haug, „Quantitative Untersuchungen an der Sehrinde", G. Thieme, Stuttgart 1958, entnommen.

Aus ihm lesen wir das relative Kernvolumen der betreffenden Zellart ab. Es wurde ermittelt, wie unter aa) beschrieben.

cc) Relatives Gliazellvolumen (rel. GV)

Der rel. GV bedeutet den Quotienten aus

$$\frac{\text{Gliazelltreffer}}{\text{Anzahl der dabei getroffenen Gliazellen}}$$

dd) Relatives Kern-Plasmaverhältnis (rel. KP)

Unter dieser „relativen" Kern-Plasma-Relation verstehen wir den Quotienten aus

$$\frac{\text{Nervenzellplasmatreffer}}{\text{Nervenzellkerntreffer}}$$

In Anlehnung an den Begriff der R. Hertwigschen Kern-Plasma-Relation wollen wir aus dem vorliegenden Zahlenmaterial auch eine Beziehung zwischen dem relativen Zellkernvolumen und dem Plasma des Nervenzelleibes herstellen und auswerten. Wir sind uns dabei bewußt, niemals auch nur annähernd das gesamte Zellplasma erfassen zu können, wie es Hertwig für die Körperzellen aufstellte — auch schon aus methodischen Gründen —, da bei den Nervenzellen auch sämtliche Fortsätze als zum Zellplasma gehörig zu betrachten sind. Somit ist eine echte Kern-Plasma-Relation nicht aufzustellen. Es wird hier nur ein Teil des Zellplasmas erfaßt, der zum Zelleib gehört, wie er sich im vorliegenden quantitativ ausgewerteten Nisslbild darstellt. Die Unterschiede, die dieses Bild zwischen den klinisch Gesunden und schizophren Erkrankten zeigt, sollen quantitativ erfaßt werden.

Die Werte, aus denen der Quotient gebildet wird, entstammen den bereits statistisch berechneten Durchschnittswerten der relativen Volumenmaßzahlen der einzelnen Zellen.

c) Die Relationen zwischen den Nervenzellen und Gliazellen innerhalb einer bestehenden Struktur.

Ausgehend von der Diskussion, daß den Gliazellen im Nervengewebe eine trophische Funktion zukommt, wollen wir auch die Relationen zwischen Glia- und Nervenzellen innerhalb einer gegebenen Struktur in bezug auf ihre relativen Volumenverhältnisse betrachten.

aa) Numerischer Gliazell-Nervenzell-Koeffizient (num. Gz./Nz.)

Diesen numerischen Gliazell-Nervenzell-Koeffizienten hatten wir schon in unserer Betrachtung über die „Gliazelldichte bei klinisch Gesunden und Schizophrenen" gebildet und ausführlich diskutiert. Ein direkter Vergleich der absoluten Zahlenwerte ist aus der andersartigen Methode und dem oben bereits erwähnten (II. 4. a) Problem bezüglich der absoluten Zahlenwerte nicht möglich.

bb) Relativer Gliazell-Nervenzell-Volumenkoeffizient (vol. Gz./Nz.)

Dieser vol. Gz./Nz. ist das reziproke Verhältnis Z/G von Haug. $\left(\frac{\text{Nervenzellvolumen}}{\text{Gliakernvolumen}}\right)$. Unser Koeffizient ist also der Quotient

$$\frac{\text{Gliazelltreffer}}{\text{Nervenzelltreffer}}$$

5. Tabellarische Übersicht der benutzten Abkürzungen

D	Durchschnitt einer jeweils betrachteten Einheit
GK	Grauzellkoeffizient
GliaK	Gliakoeffizient
Gz.	Gliazelldichte pro Gesichtsfeld (numerisch)
Md	Supranucleus medialis-dorsalis thalami
Md. vm	Nucleus ventro-medialis
μ	Genauer Durchschnittswert innerhalb des Konfidenzbereiches
n	Durchschnitt aller „Normalfälle"
NK	Nervenzellkern-Koeffizient
Nucleus	Das hier untersuchte Kerngebiet (**Md. vm**) — nicht Zellkern
num. Gz./Nz.	Numerischer Gliazell-Nervenzell-Koeffizient
Nz.	Nervenzelldichte (numerisch)
rel. GV	Relatives Gliazellvolumen
rel. KP	Relatives Kern-Plasma-Verhältnis
rel. KV	Relatives Zellkernvolumen
rel. NV	Relatives Nervenzellvolumen
S-K	Katatone Erkrankungsgruppe
s	Streuung
σ	Genaue Streuung innerhalb des Konfidenzbereiches
T_G	Gliatrefferzahl pro Gesichtsfeld
T_K	Nervenzellkern-Trefferzahl pro Gesichtsfeld
T_P	Nervenzellplasma-Trefferzahl pro Gesichtsfeld
T_Z	Nervenzell-Trefferzahl pro Gesichtsfeld
vol. Gz./Nz.	Relativer Gliazell-Nervenzell-Volumenkoeffizient
$\bar{x}$	Durchschnittswert (Zellzahl, Zelldichte bzw. Trefferzahl)
Z/G	Reziproker relativer Gliazell-Nervenzell-Volumenkoeffizient (nach Haug: reziprokes Verhältnis Z/G)

III. Untersuchungsbefunde

Vorbemerkung

Bevor wir die verschiedenen Koeffizienten der einzelnen Vergleichsgruppen besprechen, möchten wir die Trefferzahlen — wie sie in den **Tabellen 1—4** dargestellt sind —, die ja die Grundlage für die einzelnen Koeffizienten darstellen, näher erläutern.

Tabelle 1: Die Zelltrefferzahlen im **Md. vm** mit ihren Konfidenzbereichen bei den klinisch Gesunden. a: Nervenzellart **a**; b: Nervenzellart **b**

Zellart	A 58	A 56	A 61	A 65	E 105	Durchschnitt
a + b	4,72 $3,82 < \mu < 5,62$	5,79 $4,65 < \mu < 6,93$	5,46 $4,39 < \mu < 6,53$	5,21 $4,23 < \mu < 6,19$	5,45 $4,44 < \mu < 6,46$	5,40 $4,93 < \mu < 5,87$
a	1,82 $1,33 < \mu < 2,31$	2,09 $1,41 < \mu < 2,77$	2,19 $1,52 < \mu < 2,86$	1,69 $1,12 < \mu < 2,26$	1,86 $1,30 < \mu < 2,42$	1,93 $1,66 < \mu < 2,20$
b	3,12 $2,41 < \mu < 3,83$	3,74 $2,76 < \mu < 4,72$	3,38 $2,51 < \mu < 4,25$	3,65 $2,83 < \mu < 4,47$	3,34 $2,48 < \mu < 4,20$	3,32 $2,95 < \mu < 3,69$
Gliazellen	2,17 $1,85 < \mu < 2,49$	1,82 $1,38 < \mu < 2,26$	1,66 $1,33 < \mu < 1,99$	2,01 $1,65 < \mu < 2,37$	1,75 $1,40 < \mu < 2,10$	1,88 $1,72 < \mu < 2,04$

Tabelle 2: Die Zelltrefferzahlen im **Md. vm** mit ihren Konfidenzbereichen bei den kataton Erkrankten. a: Nervenzellart **a**; b: Nervenzellart **b**; x: x-Zelle

Zellart	Bu 3	Bu 20	Bu 1	Bu 21	Bu 19	Durchschnitt
a + b + x	3,04 $2,36 < \mu < 3,72$	2,81 $2,20 < \mu < 3,42$	3,29 $2,55 < \mu < 4,03$	3,20 $2,50 < \mu < 3,90$	3,28 $2,62 < \mu < 3,94$	3,13 $2,83 < \mu < 3,43$
a	1,12 $0,71 < \mu < 1,53$	1,06 $0,77 < \mu < 1,35$	1,25 $0,77 < \mu < 1,73$	1,27 $0,82 < \mu < 1,72$	1,20 $0,76 < \mu < 1,64$	1,17 $0,98 < \mu < 1,36$
b	1,83 $1,25 < \mu < 2,41$	1,71 $1,16 < \mu < 2,26$	1,99 $1,39 < \mu < 2,59$	1,85 $1,26 < \mu < 2,44$	2,07 $1,50 < \mu < 2,64$	1,89 $1,64 < \mu < 2,14$
x-Zelle	0,07 $0,03 < \mu < 0,11$	0,12 $0,03 < \mu < 0,21$	0,08 $0,02 < \mu < 0,14$	0,07 $0,02 < \mu < 0,12$	—	0,07 $0,03 < \mu < 0,11$
Gliazelle	2,20 $1,72 < \mu < 2,68$	2,18 $1,76 < \mu < 2,60$	2,42 $1,92 < \mu < 2,92$	2,51 $1,98 < \mu < 3,04$	2,37 $1,84 < \mu < 2,90$	2,34 $2,12 < \mu < 2,56$

Tabelle 3: Die Zellkerntrefferzahlen im **Md. vm** mit ihren Konfidenzbereichen bei den klinisch Gesunden. a: Nervenzellart **a**; b: Nervenzellart **b**

Zellart	A 58	A 56	A 61	A 65	E 105	Durchschnitt
a + b	0,94 $0{,}63 < \mu < 1{,}25$	1,56 $1{,}16 < \mu < 1{,}96$	1,20 $0{,}81 < \mu < 1{,}59$	0,73 $0{,}48 < \mu < 0{,}98$	0,93 $0{,}66 < \mu < 1{,}20$	1,07 $0{,}92 < \mu < 1{,}22$
a	0,37 $0{,}16 < \mu < 0{,}58$	0,58 $0{,}32 < \mu < 0{,}84$	0,66 $0{,}39 < \mu < 0{,}93$	0,33 $0{,}27 < \mu < 0{,}39$	0,42 $0{,}24 < \mu < 0{,}60$	0,46 $0{,}38 < \mu < 0{,}54$
b	0,46 $0{,}23 < \mu < 0{,}69$	1,03 $0{,}70 < \mu < 1{,}36$	0,54 $0{,}28 < \mu < 0{,}80$	0,41 $0{,}23 < \mu < 0{,}59$	0,51 $0{,}31 < \mu < 0{,}71$	0,59 $0{,}48 < \mu < 0{,}70$

Tabelle 4: Die Zellkerntrefferzahlen im **Md. vm** mit ihren Konfidenzbereichen bei den kataton Erkrankten. a: Nervenzellart **a**; b: Nervenzellart **b**; x: x-Zelle

Zellart	Bu 3	Bu 20	Bu 1	Bu 21	Bu 19	Durchschnitt
a + b + x	1,10 $0{,}78 < \mu < 1{,}42$	1,28 $0{,}98 < \mu < 1{,}58$	1,25 $0{,}88 < \mu < 1{,}62$	0,88 $0{,}60 < \mu < 1{,}16$	0,98 $0{,}72 < \mu < 1{,}24$	1,10 $0{,}96 < \mu < 1{,}24$
a	0,38 $0{,}19 < \mu < 0{,}57$	0,49 $0{,}29 < \mu < 0{,}69$	0,45 $0{,}23 < \mu < 0{,}67$	0,31 $0{,}14 < \mu < 0{,}48$	0,34 $0{,}18 < \mu < 0{,}50$	0,39 $0{,}31 < \mu < 0{,}47$
b	0,62 $0{,}38 < \mu < 0{,}86$	0,69 $0{,}44 < \mu < 0{,}94$	0,72 $0{,}45 < \mu < 0{,}99$	0,53 $0{,}29 < \mu < 0{,}77$	0,59 $0{,}37 < \mu < 0{,}81$	0,65 $0{,}54 < \mu < 0{,}76$
x-Zelle	0,07 $0{,}03 < \mu < 0{,}11$	0,12 $0{,}03 < \mu < 0{,}21$	0,08 $0{,}02 < \mu < 0{,}14$	0,07 $0{,}02 < \mu < 0{,}12$	—	0,07 $0{,}03 < \mu < 0{,}11$

Die Zelltreffer der einzelnen Fälle der klinisch Gesunden (**Tabelle 1**) weisen unter sich keine signifikanten Unterschiede auf. Das trifft sowohl für den gesamten Nucleus wie auch für jede seiner Nervenzellarten und die Gliazelltreffer zu. Ein gleiches Bild zeigen auch die festgestellten Zelltreffer der einzelnen Fälle der katatonen Erkrankungsgruppe (**Tabelle 2**).

Betrachten wir jedoch die beiden Vergleichsgruppen, so ist bei den Schizophrenen eine deutliche Abnahme der Zelltreffer gegenüber den klinisch Gesunden festzustellen, die zum größten Teil signifikant ist. Wenn hier in einzelnen Fällen auch einige Konfidenzbereiche ineinander reichen und somit keine eindeutige statistische Signifikanz mit dieser Methode festgestellt wurde, so ergibt doch die Nachprüfung dieser Fälle mit der χ^2 Probe (siehe auch K.-J. Hempel und W. M. Treff, Journal f. Hirnforsch. 4, Seite 161 (1958), daß hier statistisch verschiedenes Material zugrunde liegt. Bei der Auszählung von etwa 500 Gesichtsfeldern hätten wir den Konfidenzbereich der gefundenen Mittelwerte der Trefferzahlen auf $\pm 10\%$ herabdrücken können und auch mit dieser Methode die statistische Signifikanz beweisen können. Wenn wir dennoch nur 100 Gesichtsfelder ausgewertet haben, so aus dem Grunde, weil dies für die meisten hier untersuchten Fälle als ausreichend angesehen werden konnte.

Die in den **Tabellen 3 und 4** aufgeführten Zellkerntrefferzahlen unterliegen viel größeren Schwankungen, als dies für die Zelltreffer zutraf. Schon bei klinisch Gesunden sind die individuellen Schwankungsbereiche außerordentlich groß. Bei den schizophren Erkrankten können die Zellkerntreffer der einzelnen Nervenzellarten sogar um mehr als 100% schwanken. Die Größe des invididuellen Schwankungsbereiches der Zellkerntreffer ist das einzige Merkmal, in dem sich die klinisch Gesunden von den Schizophrenen unterscheiden. In der Anzahl der Zellkerntreffer zwischen beiden Vergleichsgruppen konnten keine signifikanten Unterschiede festgestellt werden. Dies trifft nicht nur für die Einzelfälle, sondern auch für fast alle Durchschnittswerte zu.

Nur die durchschnittlichen Zellkerntreffer der Zelle **a** und **b** bei den katatonen Erkrankungsgruppen sind signifikant different, was wir bei den klinisch Gesunden nicht feststellen konnten. Dies wird dadurch bedingt, daß bei den schizophren Erkrankten die Zellkerntreffer der Zelle **a** sich im Durchschnitt etwas vermindert haben, während die der Zelle **b** bei den Schizophrenen zahlreicher sind.

A) Befunde bei klinisch Gesunden

1. Maßzahlen zur Erfassung von Struktureigenheiten

Zur Charakterisierung der Struktureigenheiten des untersuchten Kerngebietes dienen uns die numerischen Nervenzell- und Gliazelldichten und das relative Strukturvolumen, wie es durch den Grauzellkoeffizienten, den Gliazellkoeffizienten und den Nervenzellkern-Koeffizienten ausgedrückt werden kann. Eine Differenzierung der einzelnen Maßzahlen in bezug auf die Nervenzellarten, die ja die Population darstellen, wird zur Erfassung der Gesamtstruktur des Nucleus nicht vorgenommen.

In der **Tabelle 5** haben wir die verschiedenen Maßzahlen der klinisch Gesunden zusammen aufgeführt. *Die numerische Zelldichte* (**in Tabelle 5** : Nz). schwankt zwischen 1,64 (**A 58**) und 1,25 (**A 61**) Zellen pro Gesichtsfeld. Selbst dieser Maximal- und Minimalwert zeigt keine statistisch gesicherte Unterschiedlichkeit, was bei der Kleinheit der betrachteten Gesichtsfelder (1260fache Vergrößerung) nicht zu erwarten war. Vergleichen wir die Zahlenwerte mit denen, die mit der anderen Methodik am gleichen Nucleus und bei den gleichen Fällen festgestellt wurden (vgl. K.-J. Hempel und W. M. Treff 1958, dortselbst Tabelle 2), so liegt der Maximal- und Minimalwert bei denselben Fällen vor.

Tabelle 5: Maßzahlen zur Charakterisierung der Struktureigenheiten im **Md. vm** bei klinisch Gesunden

	Nz.	Gz.	GK	NK	GliaK
E 105	1,34	1,71	30	178	94
A 58	**1,64**	**2,03**	**35**	176	**76**
A 61	**1,25**	**1,63**	30	138	**100**
A 65	1,34	1,97	32	**226**	82
A 56	1,39	1,65	**29**	**106**	91
D n	1,40	1,80	31	154	89

Betrachten wir die *Gliazelldichten*, so ist hier bei allen Fällen untereinander auch keine statistisch gesicherte Unterschiedlichkeit der Gliazelldichten festzustellen. Sie liegen in der gleichen Größenordnung. Dasselbe war der Fall bei unseren vorhergehenden Untersuchungen über die Gliazelldichte, wie es aus der Tabelle 1 (K.-J. Hempel und W. M. Treff 1959) dortselbst zu ersehen ist.

Zur weiteren Beurteilung haben wir nun erstmalig hier bei diesem Nucleus auch die „*Volumenzelldichte*" (Haug 1959) berechnet. Der Schwankungsbereich des *Grauzellkoeffizienten* der klinisch gesunden Fälle ist außerordentlich gering. Er schwankt zwischen 29 und 35 (**A 56** und **A 58**).

Bei der Betrachtung der hier angeführten Koeffizienten (NK, GK und GliaK) ist zu beachten, daß, je größer der Koeffizient ist, desto kleiner das durch ihn dargestellte Volumen ist. Wenn auch die GK keine signifikanten Unterschiede unter sich aufweisen, so ist doch auffällig, daß im Falle **A 58**, der ja, wie oben gesagt, die größte numerische Nervenzelldichte der hier betrachteten Fälle hatte, den größten GK besitzt. Das heißt, die Volumendichte ist gegenüber den anderen Fällen geringer. Woraus wir schließen müssen, daß die einzelnen Zellen dieses Falles kleiner sind.

Die individuellen Schwankungen des *Nervenzellkern-Koeffizienten* (NK) sind bedeutend größer als beim GK. Wir finden im **A 56** den kleinsten NK-Wert mit 106 und den größten mit 226 in **A 65**. Das heißt die Zellkernvolumina bei **A 56** sind im Vergleich zu denen in **A 65** größer. Die Unterschiedlichkeit dieser beiden Fälle muß auf Grund der Zellkerntrefferzahl (**Tabelle 3**) als statistisch gesichert angesehen werden. Bei der Schwankungsbreite der übrigen Zahlen ist das nicht der Fall.

Die individuelle Schwankungsbreite des *Gliakoeffizienten* liegt zwischen 76 (**A 58**) und 100 (**A 61**). Sie ist aber nicht als statistisch eindeutig zu werten, da die Gliazelltrefferzahlen aller betrachteten klinisch gesunden Fälle sich nicht gesichert unterscheiden lassen, wie dies auch schon für die numerischen Gliazelldichten an Hand verschiedener Methoden nachweisbar war.

2. *Maßzahlen für die Betrachtung der Zellpopulation des untersuchten Nucleus* (**Tabelle 6**)

a) Zelle **a**

Die Zellzahlen dieser Nervenzellart sind außerordentlich kleinen Schwankungen unterworfen. Es tritt nur der **A 58** mit seiner etwas größeren (0,66 pro Gesichtsfeld) Zellzahl hervor. Diese Feststellung konnten wir schon früher mit der anderen Methode treffen. Wir führten sogar diese Nervenzellart als Beispiel für eine außerordentlich geringe individuelle Schwankung an, wie es dort in der Abb. 7 auf der Seite 173 dargestellt ist.

Betrachten wir die *relativen Zellvolumina* (rel. NV) der Zelle **a**, so schwanken diese zwischen 3,65 (**A 61**) und 2,75 (**A 58**). Keiner dieser Werte ist, trotz ihrer

Tabelle 6. Maßzahlen zur Charakterisierung der einzelnen Nervenzellarten der Zellpopulation des **Md. vm** bei klinisch Gesunden

		Zellzahl	rel. NV	rel. KV	rel. KP	rel. GV
E 105	a	0,60	3,12	0,70	3,4	
	b	0,73	4,59	0,70	5,6	
	Gz	1,71				1,02
A 58	a	0,66	**2,75**	**0,56**	4,0	
	b	1,00	**3,12**	**0,46**	5,8	
	Gz	2,03				1,07
A 61	a	0,60	**3,65**	**1,10**	2,3	
	b	0,65	**5,22**	0,83	5,2	
	Gz	1,63				1,02
A 65	a	0,58	2,92	0,57	4,1	
	b	0,81	4,50	0,51	7,8	
	Gz	1,97				1,02
A 56	a	0,58	3,62	1,00	2,6	
	b	0,98	3,82	**1,05**	2,1	
	Gz	1,65				1,11
D n	a	0,59	3,27	0,78	3,2	
	b	0,83	4,00	0,71	4,7	
	Gz	1,80				1,04

zahlenmäßigen Verschiedenheit, als statistisch unterschiedlich anzusehen. Weder die Zelltrefferzahlen noch die Zellzahlen sind signifikant different, denn alle Konfidenzbereiche greifen ineinander.

Der Fall mit der numerisch größten Zelldichte (**A 58**) hat volumenmäßig die kleinsten Zellen.

Die *relativen Zellkern-Volumina* (rel. KV), wie sie in der **Tabelle 6** aufgeführt sind, weisen zahlenmäßig gegenüber den Werten der rel. NV eine bedeutend größere individuelle Schwankungsbreite auf. **A 58** hat mit 0,56 den kleinsten und **A 61** mit 1,10 den größten Wert, d. h. die Schwankungsbreite ist hier nahezu 100%.

Trotz dieser relativ großen Unterschiedlichkeit darf man hierin keine statistische Signifikanz sehen, denn die Streuung der Zellkerntrefferzahlen für den einzelnen Fall ist außerordentlich groß. Ihre durchschnittlichen Trefferzahlen können nur als zufällig different angesehen werden.

Wie aus der großen Unterschiedlichkeit der rel. KV zu erwarten ist, muß trotz der kleineren individuellen Schwankungsbreite der rel. NV eine recht unterschiedliche *Kern-Plasma-Relation* (rel. KP) angenommen werden, da ja im Quotienten beide Faktoren enthalten sind. So ersehen wir in der **Tabelle 6** das unterschiedliche Verhalten der Zahlenwerte, die zwischen einem Maximum bei **A 65** von 4,1 und einem Minimum bei **A 61** von 2,3 schwanken.

b) Zelle **b**

Die Zellzahlen der Zellart **b** weisen eine größere individuelle Schwankung auf, als wir es bei der Zellart **a** feststellen konnten. Auch hier stimmen die Maximal- und Minimalwerte (**A 58**: 1,0 und **A 61**: 0,65) mit den schon früher veröffentlichten Grenzwerten überein. Die mit der Treffermethode gefundenen Zahlenwerte weisen allerdings keine statistische Signifikanz auf.

Die *relativen Zellvolumina* der Zelle **b** (**Tabelle 6**) sind gegenüber denen der Zelle **a** größer. Schon die Trefferzahlen waren auch statistisch gesehen zwischen diesen beiden Nervenzellarten z. T. nachweisbar erhöht; d. h. also, daß die Polygonalzelle **b** volumenmäßig größer ist als die Spindelzelle **a**. Im Falle **A 61** finden wir die volumenmäßig größten Zellen mit 5,22 im Falle **A 61** (mit der kleinsten Zellzahl) und die volumenmäßig kleinsten Zellen im Falle **A 58** mit 3,12 (mit der größten Zellzahl!).

Wie auch bei der Zelle **a** sind die *relativen Zellkern-Volumina* außerordentlich unterschiedlich. Da jedoch die Streuungen bei den Trefferzahlen sehr groß waren, können wir eine statistische Signifikanz bei der Anzahl der hier ausgewerteten Gesichtsfelder nicht nachweisen, obwohl die Zellkern-Volumina zwischen dem bei **A 58** gefundenen kleinsten Wert mit 0,46 und dem bei **A 56** vorliegenden größten Wert mit 1,05 eine über 100prozentige Schwankungsbreite aufweisen. Im Durchschnitt gesehen erscheinen die Zellkern-Volumina der Zelle **b** zahlenmäßig etwas kleiner als die der Zelle **a**. Der Unterschied muß jedoch als zufällig betrachtet werden.

Das relative *Kern-Plasma-Verhältnis* (rel. KP) erscheint in allen Fällen — ausgenommen den **A 56** — größer als das bei der Zellart **a**. Bei **A 56** liegt auch das Minimum bei 2,1, das Maximum hingegen bei 7,8 (**A 65**). Auf Grund der unterschiedlichen Zellkern-Volumina bei der relativen Gleichmäßigkeit der Zellvolumina mußte dieses differente Verhalten erwartet werden.

c) Gliazellen

Die numerische *Gliazelldichte* und ihre *Volumenzelldichte* waren schon unter III. A. 1. (**und Tabelle 5**) besprochen worden.

Es soll hier nun noch eine Aussage über das *relative Gliazellvolumen* erfolgen. Der individuelle Schwankungsbereich bei den klinisch Gesunden ist außerordentlich gering. Das größte rel. GV wurde im Falle **A 56** mit 1,11, das kleinste mit 1,02 festgestellt. Letzteren Wert haben drei von fünf untersuchten Fällen (**A 61, A 65** und **E 105**). Auffällig ist hierbei die große Konstanz, mit der dieses relative Volumen gefunden wurde. Vergleichen wir es mit den Volumina der Nervenzellarten dieses Nucleus, so ist die Gliazelle dem Volumen nach etwa ein Drittel der Größe der Zelle **a** und ein Viertel der Größe der Zelle **b**.

Eine Aussage über das *relative Kern-Plasma-Verhältnis* erübrigt sich, da im Nissl-Bild und bei lichtmikroskopischer Untersuchung eine Unterscheidung zwischen Kern und Plasma bei den Gliazellen unmöglich wird.

3. *Die Relation zwischen Nervenzellen und Gliazellen innerhalb des Nucleus ventro-medialis* (Tabelle 7)

Sicherlich sind auch diese Koeffizienten durch die Struktureigenheiten eines bestimmten Griseums bedingt, wie wir es ja auch bei der Betrachtung der „Gliazelldichte bei klinisch Gesunden und Schizophrenen“ (K.-J. Hempel und W. M. Treff 1959) gefunden haben. Wenn wir sie hier besonders unter dem Blickpunkt der Relation zwischen Nervenzellen und Gliazellen betrachten, so aus dem Grunde, weil kleine Veränderungen beider Bestandteile dieses Koeffizienten zwischen den Vergleichsgruppen (n; S—K) deutlicher zum Ausdruck gebracht werden können.

Tabelle 7. Beziehungen zwischen den Gliazellen und Nervenzellen im **Md. vm** bei klinisch Gesunden

Fall	Gz./Nz.	num. Gz./Nz.	vol. Gz./Nz.
E 105	3,2	1,3	0,32
A 58	2,9	1,2	0,46
A 61	4,0	1,4	0,30
A 65	3,7	1,5	0,39
A 56	2,9	1,2	0,31
D n	3,3	1,3	0,35

a) Der numerische Gliazell-Nervenzell-Koeffizient (num. Gz/Nz.)

Auch hier stehen uns in sämtlichen Fällen dieses Nucleus zwei durch verschiedene Methoden gewonnene Koeffizienten zur Verfügung.

Die mit der Treffermethode gefundenen Koeffizienten schwanken zwischen 1,2 (**A 58** und **A 56**) und 1,5 (**A 65**). Die durch die Zählmethode bei kleinerer

Vergrößerung gefundenen Werte schwanken zwischen 2,9 (**A 58** und **A 56**) und 4,0 (**A 61**). Wenn wir hier im Koeffizienten Unterschiede in der Größe zwischen beiden Methoden feststellen, so ist dies darin begründet, daß die numerischen Größen der Zelldichten unterschiedlich gefunden wurden, weil wir einmal einen 20 μ dicken Schnitt bei 210facher Vergrößerung und das andere Mal nur die Schichtdicke von 1 μ bei 1260facher Vergrößerung ausgewertet haben. Der Unterschied zwischen den Volumina der Nervenzellarten und Gliazellen ist erheblich. *Hierdurch wird deutlich, daß die numerische Zelldichte von der Größe der Zellen und der Schnittdicke abhängig ist.* Die Unterschiede der jeweiligen Zahlenwerte müssen als statistisch zufällig betrachtet werden. Dies kommt besonders zum Ausdruck in der kleinen individuellen Schwankungsbreite der durch die Treffermethode gefundenen Koeffizienten.

b) Der relative Gliazell-Nervenzell-Volumenkoeffizient (rel. Gz/Nz.)

Wenn wir hier Werte erhalten, die kleiner als 1,0 sind, so liegt das daran, daß die Nervenzellvolumina innerhalb des Gewebes größer sind als die der Gliazellen. Beim numerischen Quotienten fanden wir Werte, die stets größer waren als 1,0, da wir immer eine größere Gliazell*anzahl* als Nervenzell*anzahl* innerhalb der Struktur vorfanden. (Wie aus der **Tabelle 7** ersichtlich ist, liegen die Grenzwerte bei 0,30 (**A 61**) und 0,46 (**A 58**). Die Unterschiede sind statistisch gesehen als nicht signifikant zu betrachten.

B. Befunde bei den schizophren Erkrankten

1. Maßzahlen zur Erfassung von Struktureigenheiten bei Schizophrenen (**Tabelle 8**)

Die in der Spalte 1 der **Tabelle 8** aufgeführten *numerischen Zelldichten* liegen zwischen den Grenzwerten von 1,07 (**Bu 3**) und 1,27 (**Bu 19**). Im Vergleich mit der **Tabelle 1** unserer Arbeit über „Die Zelldichte bei klinisch Gesunden und Schizophrenen" (W. M. Treff und K.-J. Hempel 1958) geht hervor, daß die Maximal- und Minimalwerte die gleichen Fälle betreffen. Die uns vorliegenden Werte, die mit der Treffermethode bestimmt wurden, zeigen keine statistisch gesicherten Unterschiede. Auch ist die individuelle Schwankungsbreite geringer, als wir dies bei den klinisch Gesunden feststellen konnten.

Tabelle 8. Maßzahlen zur Charakterisierung der Struktureigenheiten des **Md. vm** bei den kataton Erkrankten

	Nz.	Gz.	GK	NK	GliaK
Bu 3	**1,07**	**1,79**	54	150	75
Bu 20	1,10	1,92	**59**	**129**	**76**
Bu 1	1,12	**2,05**	50	132	69
Bu 21	1,11	1,99	52	**188**	**66**
Bu 19	**1,27**	1,82	**50**	169	70
DS-K	1,13	1,91	53	150	71

Gegenüber den klinisch Gesunden hat die Zelldichte abgenommen. Die Durchschnittswerte der Zelldichten sind statistisch gesichert unterschiedlich.

Die *Gliazelldichte* schwankt zwischen dem Minimalwert von 1,97 bei **Bu 3** und dem Maximalwert von 2,05 bei **Bu 1**. Die Zunahme gegenüber den klinisch Gesunden ist sowohl im Einzelfall wie auch im Durchschnitt nur unwesentlich und kann statistisch nicht als gesichert angesehen werden. Wir konnten dies bereits schon früher an diesem Nucleus feststellen (1959).

Wenn wir eine Abnahme der numerischen Zelldichte der Nervenzellen des **Md. vm** konstatieren konnten, so muß natürlich auch die Volumenzelldichte, die wir im *Grauzellkoeffizienten* vorfinden, abgenommen haben. Sie schwankt zwischen einem Minimum von 50 bei **Bu 1** und **Bu 19** und einem Maximum von 59 bei **Bu 20**. Das heißt, der individuelle Schwankungsbereich ist zahlenmäßig gering, jedoch um einiges größer, als wir es bei den klinisch Gesunden feststellen konnten. Wir möchten hier noch einmal betonen, daß der größere Grauzellkoeffizient ein geringeres Volumen — gemäß seiner Definition — bedeutet.

Der *Nervenzellkern-Koeffizient* (NK) liegt zwischen den Grenzwerten von 129 (**Bu 20**) und 188 (**Bu 21**). Die individuelle Variationsbreite dieses Koeffizienten ist geringer als bei den klinisch Gesunden. Im Durchschnitt gesehen hat dieser Koeffizient gegenüber den „Normalen" keine Änderung erfahren.

Betrachten wir den individuellen Schwankungsbereich des *GliaK*, dann muß auch hier wieder festgehalten werden, daß sein Schwankungsbereich gegenüber den „Normalen" geringer geworden ist. Er schwankt zwischen 66 (**Bu 21**) und 76 (**Bu 20**). Der Koeffizient ist im Durchschnitt bei den schizophren Erkrankten kleiner geworden, d. h. das Gliazellvolumen im Gewebe hat zugenommen. Die numerische Gliazelldichte der schizophren Erkrankten hatte gegenüber der „Norm" um 6% zugenommen, was wohl noch als statistisch zufällig angesehen werden kann. Hingegen stellen wir bei der Volumenzelldichte der Glia eine Zunahme von 20% fest. Diese Zunahme muß auf Grund der durchschnittlichen Trefferzahlen, wie sie in den **Tabellen 1 und 2** zu finden sind, als statistisch gesichert gelten.

2. *Maßzahlen für die Betrachtung der Zellpopulation des* **Md. vm** (**Tabelle 9**)

a) Zelle **a**

Die *Zellzahlen* dieser Nervenzellart bewegen sich zwischen 0,46 (**Bu 3**) und 0,56 (**Bu 19**). Die Unterschiede können als statistisch zufällig bezeichnet werden. Auch ihre Abnahme gegenüber den klinisch Gesunden kann im Gegensatz zu unseren früheren Feststellungen mit der vorliegenden Methode noch nicht als gesichert gelten. Eine Tatsache, die aber sicherlich — wie schon öfters betont — in der Größe des Konfidenzbereiches zu suchen ist. Mit Auswertung einer größeren Anzahl von Gesichtsfeldern läßt sich der Konfidenzbereich einengen. Die prozentuale durchschnittliche Abnahme liegt in der gleichen Größenordnung (W. M. Treff und K.-J. Hempel 1958: 18%; nach der Treffermethode: 15%!).

Tabelle 9. Maßzahlen zur Charakterisierung der einzelnen Nervenzellarten der Zellpopulation des **Md. vm** bei den Katatonen

		Zellzahl		rel. NV		rel. KV		rel. KP		rel. GV
Bu 3	a	0,46		2,43		0,82		2,0		
	b		0,58		3,17		**1,70**		2,0	
	x	0,04		1,75		1,75				
	Gz		1,79							1,23
Bu 20	a	0,49		2,17		**1,00**		1,2		
	b		0,55		3,11		1,26		1,5	
	x	0,06		2,00		2,00				
	Gz		1,92							1,14
Bu 1	a	0,48		**2,61**		0,93		1,8		
	b		0,58		**3,44**		1,24		1,8	
	x	0,05		1,60		1,60				
	Gz		2,05							1,18
Bu 21	a	0,50		2,54		0,62		3,1		
	b		0,57		3,24		0,93		2,5	
	x	0,04		1,75		1,70				
	Gz		1,99							1,26
Bu 19	a	0,56		**2,14**		**0,61**		2,5		
	b		0,71		**2,93**		**0,83**		2,5	
	x	0,00		0,00		0,00				
	Gz		1,82							1,29
D S-K	a	0,50		2,34		0,78		2,0		
	b		0,60		3,16		1,08		1,9	
	x	0,04		1,42		1,42				
	Gz		1,91							1,23

Betrachten wir die *relativen Nervenzellvolumina*, so können wir feststellen, daß in keinem schizophrenen Fall das minimale Zellvolumen der Zelle **a** der „Normalen" erreicht wird. Auch ihr individueller Schwankungsbereich ist geringer als bei den klinisch Gesunden. Das kleinste relative Zellvolumen der Zelle **a** finden wir bei **Bu 19** mit 2,61. Das Volumen der einzelnen Zelle dieser Zellart hat im Durchschnitt gesehen also bei den Schizophrenen abgenommen.

Vergleichen wir die *relativen Zellkern-Volumina* der Erkrankten mit den klinisch Gesunden, so müssen wir feststellen, daß sowohl ihre durchschnittliche Größe gleich geblieben ist, wie auch der individuelle Schwankungsbereich in der gleichen Größenordnung liegt. Wir finden das kleinste Zellkernvolumen im Falle **Bu 19** mit 0,61 und das größte mit 1,00 in **Bu 20**. Die zahlenmäßigen Unterschiede sind auf Grund der Kerntrefferzahlen wie auch Zellzahlen als zufällig unterschiedlich anzusehen.

Die individuelle Schwankungsbreite des *relativen Kern-Plasma-Verhältnisses* kann bei den Schizophrenen als ebenso groß bezeichnet werden wie bei den klinisch Gesunden. Es schwankt zwischen 1,2 (**Bu 20**) und 3,1 (**Bu 21**). Dieses Verhältnis ist aber in den meisten Fällen kleiner als bei den klinisch Gesunden, was ja aus der Abnahme der relativen Zellvolumina bei durchschnittlich konstantgebliebenem relativen Zellkernvolumen von vornherein zu erwarten ist.

b) Zelle **b**

Der Schwankungsbereich der *Zellzahlen* der Zelle **b** ist in 4 Fällen (**Bu 3**, **Bu 20**: 0,55; **Bu 1**: 0,58; **Bu 21**) außerordentlich gering. Nur **Bu 19** schert aus dieser Einheitlichkeit durch seine etwas höhere Zellzahl pro Gesichtsfeld (0,71) aus. Dies ist eine Tatsache, die wir bereits mit der früheren Methode feststellen konnten. Im Gegensatz zu jener ließ sich hier aber keine statistische Eindeutigkeit nachweisen. Die Abnahme der Zellzahl ist bei den Schizophrenen größer, als wir es für die **a**-Zelle feststellen konnten.

Die *relativen Nervenzellvolumina* der Zelle **b** schwanken zwischen 2,93 (**Bu 19**) und 3,44 (**Bu 1**). Auch sie sind kleiner als bei den klinisch Gesunden (wie wir es auch für die **a**-Zelle feststellen konnten). Zahlenmäßig liegt die Abnahme im Durchschnitt in der gleichen Größenordnung; prozentual jedoch ist die Volumenverminderung der **b**-Zelle, da diese schon normalerweise etwas größer war, geringer.

In bezug auf die *relativen Zellkernvolumina* müssen wir bei den schizophren Erkrankten ein verschiedenes Verhalten der beiden Nervenzellarten hervorheben. Die rel. KV der Zelle **a** waren durchschnittlich bei den klinischen Gesunden und Schizophrenen gleich groß. Diese der Zelle **b** haben aber gegenüber der „Norm" im Durchschnitt fast 50% zugenommen. Die Werte liegen zwischen 0,83 (**Bu 19**) und 1,70 (**Bu 3**).

Beim relativen Kern-Plasma-Verhältnis (rel. KP) ist aus der Abnahme der Nervenzellvolumina und der Vergrößerung der relativen Zellkernvolumina zu erwarten, daß gemäß der Definition dieses Quotienten derselbe kleiner werden muß, als es bei den klinisch Gesunden der Fall war.

Die Durchschnittswerte für die beiden Vergleichsgruppen waren für die Zelle **b** 4,7 (n) und 1,9 (S-K). Nicht nur der absolute Wert wurde kleiner, sondern auch die individuelle Schwankungsbreite ist bei den kataton Erkrankten wesentlich verringert. Sie liegen zwischen den Grenzwerten 1,5 (**Bu 20**) und 2,5 (**Bu 21** und **Bu 19**).

c) Gliazellen

Die numerische Gliazelldichte und die Volumenzelldichte waren unter III. 1. (und **Tabelle 9**) besprochen.

Über das relative Gliazellvolumen muß an dieser Stelle noch folgendes ausgeführt werden: Der Koeffizient ist nicht nur im Durchschnitt, sondern auch in allen Einzelfällen größer geworden, als wir es bei den „Normalen" feststellen konnten. Der Minimalwert von 1,14 (**Bu 20**) liegt über dem Maximalwert der „Gesunden". Den größten Koeffizienten fanden wir bei **Bu 19** mit 1,29. Auch die individuelle Schwankungsbreite ist leicht erhöht. Aus den Angaben über die relativen Gliazellvolumina müssen wir also folgern, daß bei den schizophren Erkrankten das Gliazellvolumen zugenommen hat.

d) Die sog. x-Zelle

Bei der sog. x-Zelle handelt es sich um eine allgemeine Bezeichnung für eine pathologisch so stark veränderte Nervenzelle, daß ihre Einordnung in eine der beiden hier vorkommenden Nervenzellarten nicht mehr möglich war; d. h., wir haben hier eine Nervenzelle vor uns, die im Rahmen einer γ-Form (s. Seite 215 bei K.-J. Hempel 1958) so stark verändert ist, daß man aus dem morphologischen Bild nicht mehr entscheiden kann, zu welcher Nervenzellart sie ursprünglich gehört hat.

So wird eine derartige Zelle als x-Zelle — unabhängig von den normalerweise auftretenden Nervenzellarten — registriert.

Diese x-Zelle kommt relativ selten vor (*Zellzahl* — **Tabelle 9**). In **Bu 19** (S-K) wurde sie überhaupt nicht gefunden. Dies entspricht auch unseren früher erhobenen Befunden. Bei **Bu 20** tritt sie mit 0,06 Zellen pro Gesichtsfeld am häufigsten auf.

Die *Zelltrefferzahlen* (**Tabelle 2**) bewegen sich zwischen einem Maximum von 0,12 (**Bu 20**) und einem Minimum von 0,07 (**Bu 3, Bu 21**), abgesehen vom Falle **Bu 19**, bei dem natürlich kein Treffer registriert werden konnte (s. o.).

Die *Zellkerntreffer* (**Tabelle 4**) sind gleich groß. Unterschiede treten erst in der dritten Stelle hinter dem Komma auf, die wir aus rechnerischen Gründen vernachlässigt haben.

Eine Erklärung für die nahezu gleichgroße Anzahl von Zellkerntreffern und Zelltreffern ergibt sich daraus, daß bei diesen x-Zellen das den Kern umgebende Zellplasma so weitestgehend geschwunden ist, daß es den Zellkern nur noch mit einem zarten Saum umgibt, der lichtmikroskopisch nur noch schwer erkennbar ist und unter Umständen unsichtbar werden kann. Somit kann auch nicht erwartet werden, daß wir vom Plasma dieser Zelle bei einer derartigen Undeutlichkeit der Konturen Trefferwerte registrieren konnten. Die Voraussetzung dieser Treffermethode ist ja, daß nur scharf gezeichnete Strukturen an den Kreuzungspunkten des Okularnetzes vermerkt werden dürfen (**Abbildung 1**).

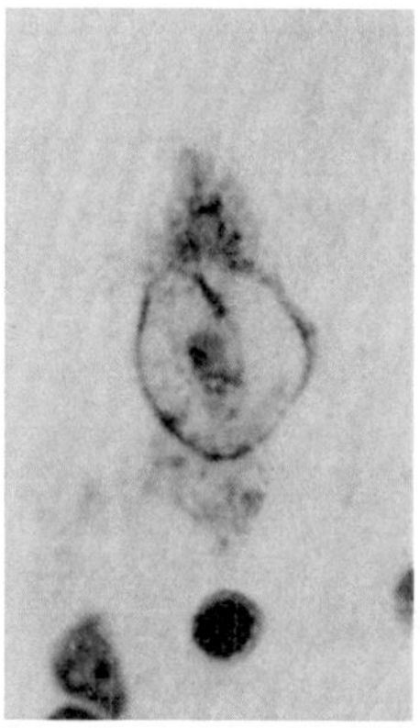

Abb. 1. Sog. x-Zelle aus dem **Md. vm** (nähere Charakterisierung siehe Text) (mPh.: 36292a) Vergr. 1000 : 1

Da die *Zell-* und *Zellkerntreffer* zahlenmäßig nahezu gleich waren, erwarten wir auch, daß das relative *Nervenzellvolumen* und das relative *Zellkernvolumen* dieser Zellkategorie (es ist keine Zellart!!) gleich ist. Dabei müssen wir bemerken, daß das relative Zellvolumen dieser x-Zelle sehr klein ist, d. h. das Volumen der Zelle ist im wahrsten Sinne des Wortes geschwunden.

Vergleichen wir aber die Zellkernvolumina dieser sog. x-Zelle mit den relativen Zellkernvolumina der im **Md. vm** vorkommenden beiden Zellarten, so muß festgestellt werden, daß sich letzteres gegenüber dem der Zelle **a** und **b** klinisch Gesunder verdoppelt hat (**Tabelle 6**).

Bei den Schizophrenen war das relative Zellkernvolumen der Zelle **a** gegenüber der „Norm" im Durchschnitt konstant geblieben, während sich das der Zelle **b** um ca. 50% vergrößert hat. Die relativen Zellkernvolumina der sog. x-Zelle sind nun noch im Durchschnitt um weitere ca. 30% größer geworden.

Da wir praktisch keine Zellplasmatreffer bei dieser pathologisch stark veränderten Zelle erhielten, ist natürlich auch kein relatives Kern-Plasma-Verhältnis aufzustellen.

3. *Die Relation zwischen Nervenzellen und Gliazellen innerhalb des Nucleus ventro-medialis* (**Tabelle 10**)

a) Der numerische Gliazell-Nervenzell-Koeffizient (num. Gz./Nz.)

Auch hier haben wir wieder den gleichen Koeffizienten mit zwei verschiedenen Methoden bestimmt (**Tabelle 10**, Spalte 1 und 2). Den Grund für die Unterschiedlichkeit der Zahlengrößen haben wir auf Seite 428 näher erläutert.

Dieser Koeffizient schwankt zwischen einem Minimum von 1,4 bei **Bu 19** und einem Maximum von 1,8 bei **Bu 1** und **Bu 21**. Die Grenzwerte dieses Koeffizienten lagen bei der anderen Zählmethode bei den gleichen Fällen.

Gegenüber den „Normalen" können wir einen Anstieg dieses Quotienten feststellen, weil die Nervenzelldichte abgenommen und die Gliadichte zugenommen hat.

Tabelle 10. Beziehungen zwischen den Gliazellen und Nervenzellen im **Md. vm** bei den Katatonen

	Gz./Nz. alte Methode	num. Gz./Nz. neue Methode	vol. Gz./Nz.
Bu 3	4,2	1,7	0,72
Bu 20	4,8	1,7	0,78
Bu 1	4,9	1,8	0,74
Bu 21	4,5	1,8	0,78
Bu 19	3,7	1,4	0,72
D S-K	4,4	1,7	0,76

b) Der relative Gliazell-Nervenzell-Volumenkoeffizient (vol. Gz./Nz.)

Die Werte für den relativen Gliazell-Nervenzell-Volumenkoeffizienten sind in der **Tabelle 10** aufgeführt. Seine Zahlenwerte sind außerordentlich geringen individuellen Schwankungen unterworfen. Die Grenzwerte sind 0,72 (**Bu 19, Bu 3**) und 0,78 (**Bu 20, Bu 21**). Gegenüber den klinisch Gesunden hat dieser Koeffizient im Durchschnitt um über 100% zugenommen. Die Zunahme des numerischen Gliazell-Nervenzell-Koeffizienten betrug hingegen nur 30%.

IV. Besprechung

Der für unsere Untersuchungen vorliegende Nucleus ventro-medialis ist ein Teil des dorsomedialen Thalamuskernes, der von M. Namba 1958 in 7 Nuclei unterteilt wurde. Wir haben in der **Abbildung 2** ein überzeichnetes

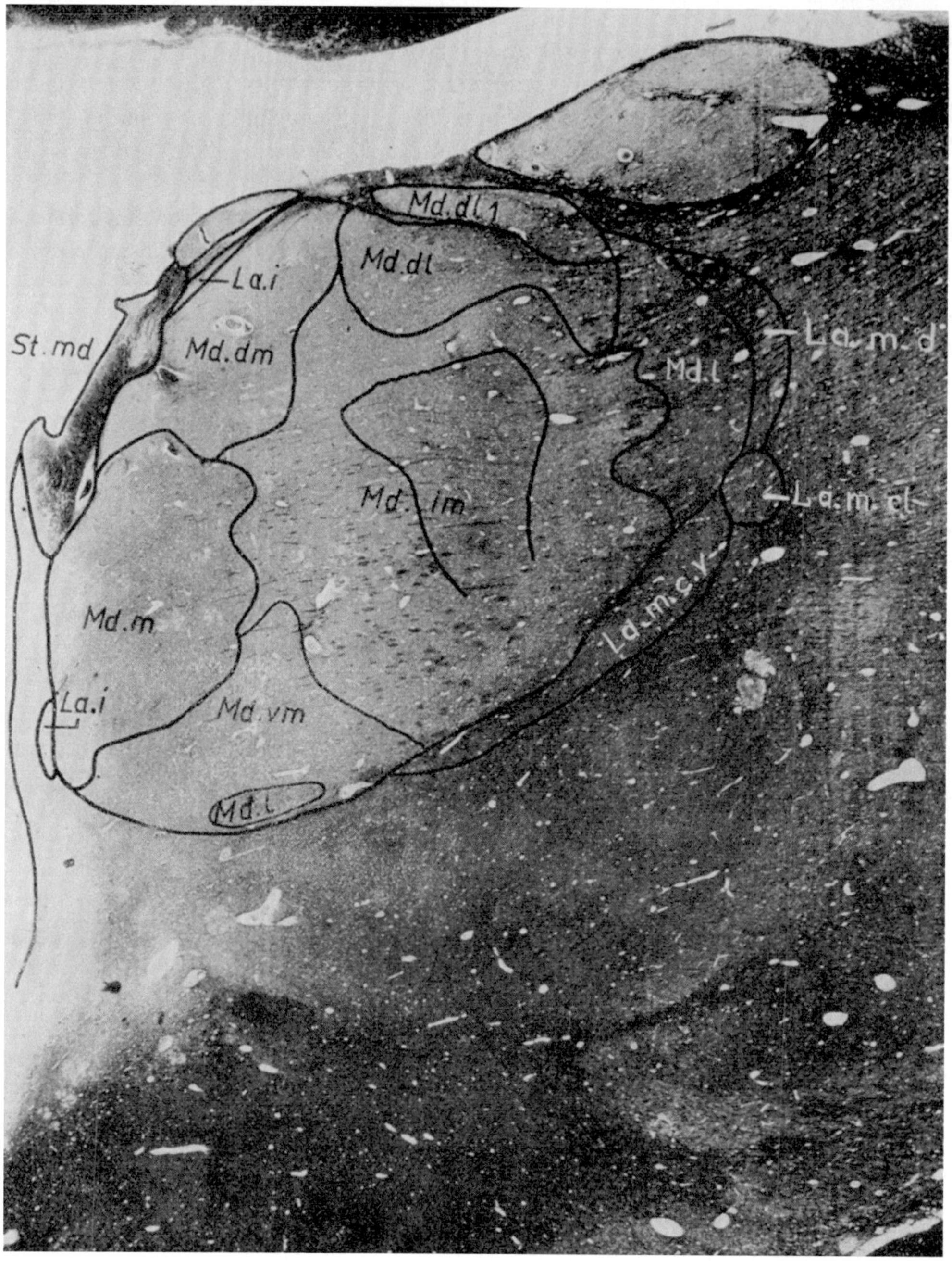

Abb. 2. Überzeichnetes Markscheidenbild des Supranucleus medialis-dorsalis thalami, entsprechend der Gliederung nach Namba 1958

(Md. m: Nucleus medialis; Md. im: Nucleus intermedialis;
Md. l: Nucleus lateralis Md. dl: Nucleus dorso-lateralis
Md. vm: Nucleus ventro-medialis Md. p.: Nucleus posterior)
Ph.: 35566; **A 58** 1 3, 451; Vergr.: 10 : 1

Markscheidenpräparat wiedergegeben, aus dem man die Topographie leicht ersehen kann. Der **Md. vm** ist aus zwei differenten Nervenzellarten aufgebaut (**Abbildung 3**).

Die Nervenzellart **a** ist eine Spindelzelle, deren Dendriten relativ stark sind und die einen auffallend hellen Zelleib besitzen mit scholligen Verdichtungen des Tigroids am Rande desselben.

Bei der Nervenzellart **b** handelt es sich um eine kleine Polygonalzelle mit gut sichtbaren Dendriten. In bezug auf die Zelle **a** ist der Zelleib dunkler tingiert mit unregelmäßig auf den Zelleib verteilter feinscholliger Nisslsubstanz.

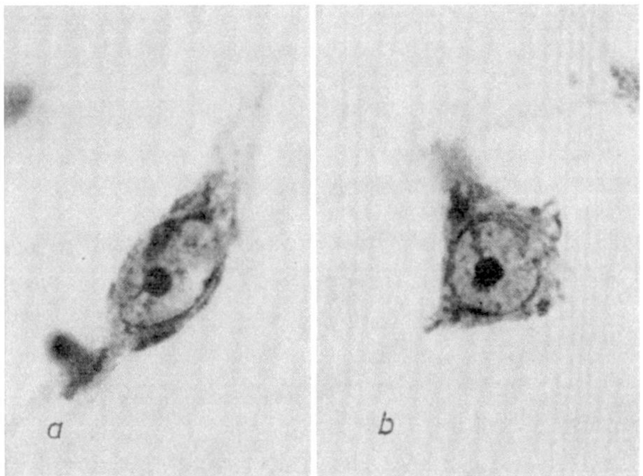

Abb. 3. Die Nervenzellarten des **Md. vm** a: Spindelzelle b: Polygonalzelle (mPh.: a: 25486; b: 25490) Vergr. 1000 : 1

Der **Md. vm** gehört mit zu den zelldichtesten Nuclei des Supranucleus medialis-dorsalis und hat normalerweise eine durchschnittliche Zelldichte von 45,45 Zellen pro Gesichtsfeld bei 210facher Vergrößerung und 20 μ Schnittdicke. Seine Nervenzellarten verhalten sich in bezug auf ihr mengenmäßiges Vorkommen wie 43 zu 57, d. h. die Nervenzellart **b** kommt häufiger vor.

Die durchschnittliche Gliazelldichte beträgt „normalerweise" 152 Gliazellen pro Gesichtsfeld bei obiger Vergrößerung. Im Vergleich zu der Gliazelldichte der anderen Nuclei dieses Supranucleus medialis-dorsalis besitzt sie einen mittleren Wert.

Bei einer qualitativen Betrachtung erfolgt die Gliederung nach Merkmalen, bei denen sich eine untersuchte Einheit einmal in seiner Gesamtheit — d. h. strukturmäßig von der Umgebung — unterscheidet und zum anderen sich die sie aufbauenden Einzelbestandteile wiederum gegeneinander different verhalten.

Bei quantitativen Untersuchungen müssen wir also Maßzahlen finden, die zunächst die Struktureigenheiten, d. h. im vorliegenden Falle den **Md. vm**, zahlenmäßig erfassen und dann Zahlenwerte finden, die auf die diesen Nucleus aufbauenden Strukturelemente Bezug nehmen (Nervenzellarten — Gliazellen).

Als Maßzahlen zur Erfassung der Struktureigenheiten benutzen wir hier die numerische Dichte der Nervenzellen (num. Nz.), die numerische Gliazelldichte (num. Gz.), den numerischen Gliazell-Nervenzell-Koeffizienten (num. Gz./Nz.), als Ausdruck für die Volumenzelldichte der Nervenzellen den Grauzellkoeffizienten (GK), den Gliakoeffizienten (GliaK), den relativen Gliazell-Nervenzell-Volumenkoeffizienten (vol. Gz./Nz.) und dann schließlich die Populationsverhältnisse.

Zur Charakterisierung der einzelnen Nervenzellarten und Gliazellen verwendeten wir für ihre Häufigkeit des Auftretens innerhalb des Nucleus die Zellzahlen pro Gesichtsfeld, zur Bestimmung ihrer Größe das relative Zellvolumen (rel. NV), das relative Zellkernvolumen (rel. KV), das relative Gliazellvolumen (rel. GV) und das relative Kern-Plasma-Verhältnis (rel. KP).

A. Vergleich der Maßzahlen zur Erfassung von Struktureigenheiten zwischen den klinisch Gesunden und schizophren Erkrankten

1. Die numerische Zelldichte, ihr individueller Schwankungsbereich und die prozentuale Unterschiedlichkeit im Vergleich zu den Schizophrenen

a) Die Nervenzelldichte

Wie aus der Besprechung der Befunde zu ersehen ist, schwanken die Nervenzelldichten der einzelnen Fälle um etwa $\pm 10\%$ des gefundenen Durchschnittswertes klinisch Gesunder. Der individuelle Schwankungsbereich der Nervenzelldichten der kataton Erkrankten ist wesentlich geringer. Die durchschnittliche Zelldichte bei diesen hat gegenüber der „Norm" um 20% abgenommen. Diese Abnahme ist als statistisch gesichert anzusehen, wie es die Konfidenzbereiche mit 99%iger statistischer Sicherheit zeigen (n: 1,40; $1{,}28 < \mu < 1{,}52$ und S-K: 1,13; $1{,}02 < \mu < 1{,}24$).

Die Größe der Abnahme der numerischen Nervenzelldichte des **Md. vm** bei den Schizophrenen stimmt mit den schon früher mit anderer Methode erhobenen Befunden genau überein.

Wenn wir hier die numerische Zelldichte nochmals bestimmt haben, so aus dem Grunde, weil die absolute Zellzahl eines betrachteten Gewebsvolumens von der Schnittdicke und der Größe der im Gewebe vorhandenen Zellen abhängig ist. Beide von uns verwendeten Methoden weisen gerade bezüglich der Schnittdicke einen erheblichen Unterschied auf, denn bei der 210fachen Vergrößerung wurden die Zellzahlen der gesamten Schnittdicke von 20 μ ausgewertet, während bei der Treffermethode bei 1260facher Vergrößerung nur eine Tiefensehschärfe von 1 μ vorhanden war und die nur scharf getroffenen Zellen registriert wurden.

Die Zellzahlen bezüglich ihrer absoluten Zahlengröße sind natürlich unterschiedlich zwischen beiden Methoden gefunden worden. Die prozentualen Verhältnisse zueinander sind aber, wie schon oben gesagt, gleich geblieben. Auch die Grenzwerte der individuellen Schwankung betreffen bei beiden Methoden immer die gleichen Fälle.

Als Beispiel für die weitgehende Übereinstimmung der Nervenzelldichten, wie sie durch verschiedene Methoden ermittelt werden konnten, können wir anführen, daß die Nervenzelldichten aller Katatonen auch mit der Treffermethode nicht das bei der „Norm" gefundene Minimum erreichen, bis auf den Fall **Bu 19**, der aber wiederum selbst erheblich unter dem „normalen" Durchschnittswert liegt (s. auch Abbildung 1, Seite 324, bei W. M. Treff und K.-J. Hempel 1958).

b) Die Gliazelldichte

Bei einem Vergleich der Gliazelldichten klinisch Gesunder mit den Schizophrenen kann eine nur geringe Zunahme derselben bei der katatonen Erkrankungsgruppe festgestellt werden. Auch ihre Durchschnittswerte liegen nur im Bereich des Zufälligen. Die durchschnittliche Zunahme beträgt mit der Treffermethode 6% und mit der früher verwendeten 5%. Der Unterschied der beiden Methoden liegt nicht in der zahlenmäßigen Größenordnung der Prozentzahlen, sondern in der Möglichkeit ihrer statistischen Absicherung. Sie war mit der Treffermethode selbst für die Durchschnittswerte — im Gegensatz zur vorhergehenden Methode — nicht möglich, da hier die Relation zwischen der Schnittdicke und Zellgröße eine Rolle spielt, und zum anderen, da bei dieser 1260fachen Vergrößerung noch mehr Gesichtsfelder hätten ausgewertet werden müssen. Dann wäre auch für die hier gewonnenen Zelldichten der Konfidenzbereich klein genug geworden (±10% des jeweiligen Mittelwertes), um die Sicherheit zu ermöglichen.

In bezug auf die individuellen Schwankungen der Gliazelldichten der Einzelfälle macht sich auch hier die Tendenz bemerkbar, daß sie bei den Erkrankten kleiner ist.

c) Der numerische Gliazell-Nervenzell-Koeffizient

Der numerische Gliazell-Nervenzell-Koeffizient wurde von uns gebildet, um Abweichungen der Zelldichten (Gz. und Nz.) im Gewebe in *einer* Zahl erfassen zu können. Durch eine Änderung beider Zelldichten erwarten wir eine Veränderung dieses Quotienten im Erkrankungsfalle, die eindeutiger ist, als wenn wir die Zelldichten einzeln betrachten.

Gegenüber unseren früheren Untersuchungen ist dieser Koeffizient, durch die Methode bedingt, kleiner geworden. Dies gilt sowohl für seine absolute Größe wie auch für den individuellen Schwankungsbereich der Einzelfälle. Die Grenzwerte der individuellen Schwankungen liegen bei beiden Vergleichsgruppen in den gleichen Fällen — ausgenommen ist der Maximalwert der „Gesunden", bei dem **A 61** und **A 65** gegenüber vertauscht sind. Da aber die Unterschiede gering sind und die Zahlenwerte in der gleichen Größenordnung liegen, muß dieser Unterschied als zufällig betrachtet werden.

Die durchschnittliche prozentuale Zunahme dieses numerischen Gliazell-Nervenzell-Koeffizienten beträgt ca. 30% bei beiden Untersuchungsmethoden. Diese Zunahme bei den Schizophrenen ist vor allem durch die ca. 20%ige Abnahme der Nervenzelldichte gegenüber den klinisch Gesunden bedingt und nur wenig durch die 5%ige Gliazellzunahme. Dies haben auch unsere früheren Untersuchungen gezeigt, denn eine Nervenzellverminderung konnten wir nicht nur im **Md. vm**, sondern in allen 7 Nuclei des Supranucleus medialis-dorsalis mit Regelmäßigkeit finden.

Die Gliazellvermehrung spielt dagegen eine untergeordnetere Rolle, weil sie einmal im Einzelfall nicht mit Konstanz erhalten wurde und zum anderen ihr Auftreten unsystematisch war, und wir darüber hinaus keinen Zusammenhang zwischen der Gliazelldichte mit der Erkrankungsdauer, der Intensität der Erkrankung und dem Lebensalter bei der Schizophrenie erkennen konnten.

Ein Vergleich mit den Ergebnissen, die Ferrero an einem großen Erkrankungsmaterial erheben konnte — bei denen auch das Verhältnis von Gliazelldichte zu Nervenzelldichte besprochen wird —, ist leider nicht möglich, da Ferrero 1947 einmal kein klinisch gesundes Vergleichsmaterial angegeben hat, und zum anderen sind seine Untersuchungen an anderen Grisea durchgeführt worden.

Wie aus unseren bisherigen Untersuchungen nun hervorgeht, muß die jeweilige Zelldichte — und dies gilt besonders für die Nervenzellen — innerhalb gewisser individueller Schwankungen als topistisch spezifisch angesehen werden. Denn wir hatten ja gefordert, daß die Zelldichte auch zur Charakterisierung struktureller Eigenheiten gehört. Somit liegt auch für den Gliazell-Nervenzell-Koeffizienten eine solche Gebundenheit innerhalb gewisser Schwankungsbreiten vor.

Da wir nun feststellen müssen, daß der numerische Gliazell-Nervenzell-Koeffizient als ein Gewebscharakteristikum zu werten ist, ist für die Beurteilung der pathologischen Veränderungen desselben die Voraussetzung, daß wir Kenntnis von seiner Größe und individuellen Schwankungsbreite bei klinisch Gesunden haben müssen. Erst dann wird es möglich, die pathologisch veränderten Koeffizienten auch verschiedener Grisea miteinander zu vergleichen und gemeinsame Tendenzen zu erarbeiten.

2. *Die Volumenzelldichte, ihr individueller Schwankungsbereich und die prozentuale Unterschiedlichkeit im Vergleich zu den Schizophrenen*

Das Strukturbild eines Gewebes wird nicht allein von der Anzahl seiner Zellen, ihrer Anordnung und Verteilung bestimmt, sondern auch vom Verhältnis der Zellgrößen gegenüber dem zwischenzelligen Raum geprägt. Der subjektive Eindruck von einem Gewebe, welches numerisch eine geringere Zelldichte, aber volumenmäßig größere Zellen besitzt, kann dichter sein als ein solches, in dem die numerische Zelldichte größer ist, die Zellen aber dafür volumenmäßig kleiner sind. Quantitativ muß aber auf Grund der Zellzahlen letzteres als „zelldichter" angesprochen werden. Um diese mögliche Diskrepanz zwischen qualitativer und quantitativer Erhebung klären zu können, ist man schon seit längerer Zeit bemüht, Volumenbestimmungen der Zellgrößen durchzuführen.

Die Zellvolumenbestimmungen unterlagen lange Zeit wegen der großen Variabilität der Zellgrößen — bedingt durch die histologische Technik — methodischen Schwierigkeiten, wenn man eine exakte Auswertung zu ermöglichen suchte.

O. Mayer machte 1912 erstmalig Angaben über die Zelldichte. Economo und Koskinas, die den Einfluß der Schnittdicke auf die Größe der Zelldichte erkannten, führten an ihren Hirnarealen Zellzählungen mit einer Standardschnittdicke von 25 μ durch und machten dabei auch Angaben über die Zellgröße. G. Hertwig und Jakobj widmeten sich besonders der etwas einfacheren Messung der Zellkerngrößen, von denen wir besonders die Arbeiten von 1942 und neuerdings auch von Hintzsche anführen möchten. Von v. Economo 1925 stammt auch der Begriff des Grauzellkoeffizienten. Dieser gibt, wie schon früher erklärt, das Zahlenverhältnis eines bestimmten Griseumvolumens zu seinem Nervenzellvolumen wieder. Erst 1951 versuchte v. Bonin mit der Chalkleyschen Treffermethode 1943 eine Berechnung desselben, die 1953 von Shariff weitergeführt wurden. Der Bestimmung des Grauzellkoeffizienten widmet Haug seit 1953 sein besonderes Augenmerk. Er variierte 1955 die Chalkleysche Treffermethode und machte sie für die Bestimmung des Grauzellkoeffizienten am ZNS brauchbar. Zugleich kann sie zur Gewinnung eines größeren Zahlenmaterials bei angemessenem Zeitaufwand benutzt werden.

Wir haben mit dem Grauzellkoeffizienten bzw. mit dem Gliazellkoeffizienten Maßzahlen zur Charakterisierung von Struktureigenheiten bestimmter Grisea zur Verfügung. Die Bestimmung erfolgt mit der Treffermethode. Der Grauzellkoeffizient kann als Volumenzelldichte (Haug 1955) aufgefaßt werden und muß als solcher der numerischen Zelldichte gegenübergestellt werden.

Wie aus unserem oben gewählten fiktiven Beispiel schon hervorgeht, brauchen sie sich nicht gleichsinnig verhalten. Denn sonst würde die Bestimmung beider als Ausdruck von Struktureigenheiten nicht erforderlich sein.

Bei unseren Untersuchungen haben wir auf die Ermittlung der statistischen Sicherheit des Grauzellkoeffizienten selbst verzichtet, da er ja aus den Trefferzahlen der verwendeten Methode bestimmt wird. Wenn wir für die Trefferzahlen statistisch gesicherte Ergebnisse haben, so gilt dies zwangsläufig für den Grauzellkoeffizienten bzw. Gliazellkoeffizienten (Trefferzahlen, siehe **Tabellen 1—4**).

a) Der Grauzellkoeffizient

Bei der Betrachtung der Grauzellkoeffizienten der klinisch Gesunden und auch der Erkrankungsgruppe fällt der außerordentlich geringe individuelle Schwankungsbereich der in den Vergleichsgruppen zusammengefaßten Fälle auf. Auf Grund der Trefferzahlen können wir aussagen, daß sich innerhalb der Vergleichsgruppen keine signifikanten Unterschiede feststellen lassen. Damit ist die zahlenmäßige Unterschiedlichkeit der Einzelfälle — sowohl bei den klinisch Gesunden wie auch bei Schizophrenen — innerhalb jeder Gruppe rein zufällig.

Vergleichen wir die numerische Zelldichte des Falles **A 58** mit seiner Volumenzelldichte, so fällt auf, daß erstere gegenüber den anderen Fällen der „Gesunden" größer war, während die Volumenzelldichte kleiner ist. Wenn auch dieser Unterschied kein statistisch gesicherter ist, so glauben wir dennoch sagen zu können, daß die Zellvolumina der beiden Nervenzellarten — die ja den **Md. vm** aufbauen — gegenüber den anderen Fällen etwas geringer sind. Denn die durchschnittliche Trefferzahl bei 100 Gesichtsfeldern war trotz größerer numerischer Zelldichte — d. h. mehr vorhandenen Zellen pro Gesichtsfeld — kleiner als bei den übrigen Fällen.

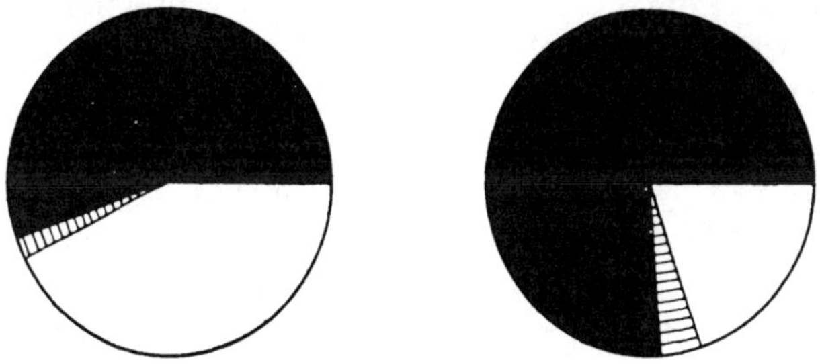

Abb. 4. Darstellung des durchschnittlichen numerischen Zellausfalles (rechter Kreis) und der durchschnittlichen Abnahme der Volumenzelldichte (linker Kreis) im **Md. vm.** Der volle Kreis bedeutet jeweils die numerische Zelldichte und die Volumenzelldichte bei klinisch Gesunden. Der weiße Sektor stellt den jeweiligen prozentualen Verlust bei den Katatonen dar. Der schraffierte Abschnitt entspricht dem Anteil der x-Zellen innerhalb der jeweiligen Population.

Stellen wir die beiden Vergleichsgruppen gegenüber, so sind alle Grauzellkoeffizienten der Katatonen größer als die der klinisch Gesunden. D. h., die Volumenzelldichte hat gegenüber der „Norm" abgenommen. Wie aus den Trefferzahlen der Durchschnittswerte der Vergleichsgruppen hervorgeht, kann diese Abnahme durchschnittlich als statistisch eindeutig angesehen werden.

Wenn wir im Falle **Bu 19** bei der numerischen Zelldichte feststellen mußten, daß sie über das Minimum der für die „Norm" gefundenen Zelldichte zu liegen kamen, so muß in bezug auf die Volumenzelldichte festgestellt werden, daß ein Ineinanderreichen von Minimal- bzw. Maximalwerten bei den Vergleichsgruppen hier nicht vorhanden ist. So liegen die Grauzellkoeffizienten für alle Fälle der jeweiligen Vergleichsgruppen in der gleichen Größenordnung.

Ein Ineinanderreichen, wie es zwischen **A 61** und **Bu 19** bei der numerischen Zelldichte der Fall war, ist hier nicht festzustellen. Wie aus den **Tabellen 5 und 8** hervorgeht, ordnen sich beide Fälle in die jeweiligen Vergleichsgruppen ein.

Die Abnahme der Trefferzahl beträgt im Durchschnitt 40%. Dies bedeutet also eine 40%ige Volumenabnahme, während wir für die numerische Zelldichte nur eine Abnahme von 20% gefunden haben (**Abb. 4**). Aus diesem größeren Volumenverlust — der nicht dem Zellverlust entspricht — muß noch eine *zusätzliche Volumenabnahme* der einzelnen Zelle gefolgert werden, auf die wir später noch zurückkommen (**Abb. 5**).

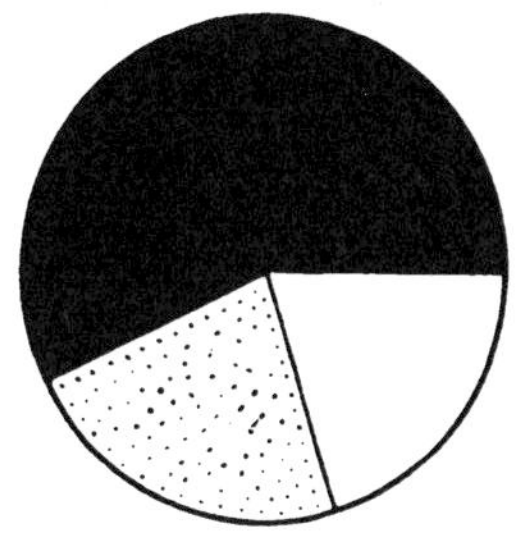

Abb. 5. Abnahme der Volumenzelldichte bei den kataton Erkrankten unter Berücksichtigung der anteilmäßigen Beteiligung durch den Nervenzellverlust und Volumenverlust der einzelnen noch vorhandenen Zellen. Gesamtkreis: Volumenzelldichte bei klinisch Gesunden. Schwarzer Sektor: Volumenzelldichte bei den Katatonen; weißer Sektor: Verlust der Volumenzelldichte durch den numerischen Zellausfall; gepunkteter Sektor: Verlust der Volumenzelldichte durch Volumenabnahme der noch vorhandenen Nervenzellen

b) Der Gliazellkoeffizient

Der Gliazellkoeffizient vermittelt uns eine Übersicht über die Gliazell-Volumendichte innerhalb des **Md. vm.** Der individuelle Schwankungsbereich bei den klinisch Gesunden ist wesentlich größer als der bei den Katatonen, obwohl im Einzelfall keine statistische Sicherung erlangt werden konnte.

Die Durchschnittswerte, die wir für die jeweiligen Vergleichsgruppen erhielten, müssen auf Grund der Trefferzahlen als statistisch gesichert angesehen werden.

Der absolute Wert bei den Katatonen ist gegenüber der „Norm" gesunken, d. h. das relative Gliazellvolumen hat um 24% auf Grund der Trefferzahlen zugenommen.

Bei der numerischen Gliazelldichte stellten wir eine Zunahme von nur 6% im Durchschnitt fest. Hieraus müssen wir folgern, daß auch die einzelne Gliazelle — da sich ja die Trefferzahlen prozentual gesehen über die Gliazellenzahl hinaus vermehrt haben — an Volumen zugenommen hat.

Ob die kleinere individuelle Schwankungsbreite, die wir bei den Katatonien feststellen konnten, allein von der Art der Erkrankung abhängig ist, können wir nicht entscheiden, denn auch bei den klinisch Gesunden sehen wir im Falle **A 58** einen gleichgroßen Gliazellkoeffizienten, wie wir ihn auch bei **Bu 20** der katatonen Gruppe sehen konnten.

Wir müssen auch hier — wie in unseren früheren Untersuchungen — feststellen, daß die „Gliareaktion" wohl kaum als für das Krankheitsbild der Schizophrenie spezifisch angesehen werden kann, obwohl das Bild der relativen Volumenzelldichte für diesen Nucleus wesentlich einheitlicher erscheint, als wir es bei der numerischen Gliazelldichte finden konnten.

c) Der relative Gliazell-Nervenzell-Volumenkoeffizient

Dieser Koeffizient ist das reziproke Verhältnis des von Haug angegebenen Nervenzellvolumen/Gliakernvolumen (Z/G). Wir haben diesen Koeffizienten aus dem Grunde nicht direkt übernommen, weil wir bei dem Quotienten

$\frac{\text{Gliazellvolumen}}{\text{Nervenzellvolumen}}$ in Analogie zu unserem — und in der Literatur bereits beschriebenen (Ferrero u. a.) — numerischen Gz./Nz. bleiben wollten.

Wenn wir auch in diesem Falle Werte bekommen, die kleiner als 1,0 sind, weil das Nervenzellvolumen in unserem untersuchten Nucleus stets größer ist als das Gliazellvolumen (wie es ja auch die Grauzellkoeffizienten bzw. die Gliazellkoeffizienten zeigen).

Auch für den vol. Gz./Nz. gilt, daß sich kleine Veränderungen in bezug auf das Nervenzellvolumen und auch Gliazellvolumen verstärkt durch die Bildung gerade dieses Quotienten zum Ausdruck bringen lassen können, wie es ebenfalls für den numerischen Gz./Nz. der Fall war.

Auf Grund statistischer Untersuchungen machte Haug 1958 in seiner Untersuchung über die Sehrinde wahrscheinlich, „daß ab einem Z/G über 7 eine Ausschlußdiagnose für die Schizophrenie in 50% der Fälle gestellt werden kann". D. h. er konnte bei diesem Koeffizienten für die Durchschnittswerte der Schizophrenie gegenüber seinem anderen Vergleichsmaterial eine statistisch gesicherte Differenz feststellen. Für den Grauzellkoeffizienten und Gliazellkoeffizienten allein waren diese Aussagen nicht möglich. Dies veranschaulicht, daß die Bildung solcher Koeffizienten zur Beurteilung pathologischer Veränderungen und ihrer Verdeutlichung angemessen erscheint.

Da die individuelle Schwankung der Volumenzelldichte der Glia bei den „Gesunden" größer war als bei den Schizophrenen, müssen wir auch für den vol. Gz./Nz. bei den „Normalen" größere Differenzen erwarten. Wie die Nervenzelltrefferzahlen und auch die Grauzellkoeffizienten zeigten, hat die Volumen-Nervenzelldichte eindeutig abgenommen. Bei der Volumenzelldichte der Glia war das Umgekehrte der Fall. Somit erhalten wir bei den Katatonien einen größeren relativen Volumen-Gz./Nz. als bei den klinisch Gesunden. Die durchschnittliche Zunahme beträgt hier über 100%. Beim numerischen Gliazell-Nervenzell-Koeffizienten hatten wir eine Zunahme von nur 30%.

Diese wesentlich stärkere Zunahme des vol. Gz./Nz. gegenüber dem num. Gz./Nz. findet seine Erklärung darin, daß ja schon die Volumenzelldichte der Nervenzellen gegenüber der numerischen um das doppelte abgenommen hatte (num. Nz.: −20%; vol. Nz.: −40%). Die Volumenzelldichte der Gliazellen war gegenüber ihrer numerischen Zellvermehrung viermal so groß (num. Gz.: +6%; vol. Gz.: +24%). Diese Zahlenverhältnisse werden durch die Quotientenbildung noch wesentlich verstärkt zum Ausdruck gebracht. Dadurch können zahlenmäßig kleine pathologische Veränderungen verdeutlicht werden.

3. *Die Gegenüberstellung der Populationsverhältnisse klinisch Gesunder und Katatoner*

Die einzelnen Nervenzellarten, die in einem Nucleus vorkommen, fassen wir als seine Zellpopulation auf. Wie wir früher feststellen konnten, halten sich die Zellzahlen der einzelnen Nervenzellarten pro Gesichtsfeld in einem recht konstanten Zahlenverhältnis zueinander. Wenn die Zelldichte dieses Nucleus pro Gesichtsfeld gleich 100 gesetzt wird, so kann die Anzahl der jeweiligen Nervenzellarten in Prozenten der Zelldichte angegeben werden. Wir wollen dies als numerisches Populationsverhältnis bezeichnen; „numerisch" deshalb, weil sie sich auf die num. Zelldichte des Nucleus beziehen.

a) Die numerischen Populationsverhältnisse

Zum Vergleich stehen uns hier die Ergebnisse aus zwei verschiedenartigen Methoden zur Bestimmung der numerischen Zelldichte zur Verfügung. Bevor wir die Zahlenwerte der klinisch Gesunden mit denen der Katatonen vergleichen, sollen die Ergebnisse, die wir mit beiden Methoden gewonnen haben, betrachtet werden:

Tabelle 11. Prozentuale Verteilung der Nervenzellpopulation des **Md. vm** bei klinisch Gesunden

		A 58	A 56	A 61	A 65	E 105	Durchschnitt
numerisch		Zählmethode					
	a	40	40	47	44	44	43
	b	60	60	53	56	56	57
		Treffermethode					
	a	40	37	48	42	45	42
	b	60	63	52	58	55	58
Volumen	a	37	36	39	32	36	37
	b	63	64	61	68	64	63

Tabelle 12. Prozentuale Verteilung der Nervenzellpopulation des **Md. vm** bei den Katatonen

		Bu 3	Bu 20	Bu 1	Bu 21	Bu 19	Durchschnitt
numerisch		Zählmethode					
	a	41,6	44,8	42,5	42,5	43,4	43,0
	b	55,5	51,0	54,0	52,6	56,6	54,0
	x	2,9	4,2	3,5	4,9	—	3,0
		Treffermethode					
	a	43	45	43	44	44	44,0
	b	54	50	52	52	56	53,0
	x	3	5	5	4	—	3,0
Volumen	a	37	37	38	40	37	38
	b	61	59	60	58	63	60
	x	2	4	2	2	—	2

Wir hatten schon einmal erwähnt, daß die absoluten Zahlengrößen auf Grund der Verschiedenartigkeit der Methoden unterschiedlich sein müssen, ihre prozentualen Relationen jedoch gleich bleiben. Diese Tatsache kann durch den Vergleich der numerischen Zellpopulation nochmals erhärtet werden. Wie aus den **Tabellen 11 und 12** über die numerischen Populationsverhältnisse hervorgeht, sind die Prozentzahlen aus beiden Zählmethoden nur wenig different. Den größten Unterschied finden wir im Fall **A 56**, wo er 3% beträgt. Derartige kleine Differenzen können als zufällig betrachtet werden.

Der individuelle Schwankungsbereich der Populationsverhältnisse kann bei den klinisch Gesunden mit der Zählmethode bis zu 7%, bei der mit der Treffermethode gewonnenen Ergebnisse bis zu 11% betragen. Betrachten wir die Durchschnittswerte bei den klinisch Gesunden, so kann der 1%ige Unterschied derselben zwischen beiden Methoden vernachlässigt werden. Das gleiche gilt für die Durchschnittswerte beider Methoden bei den kataton Erkrankten. Der individuelle Schwankungsbereich letzterer ist bei beiden Zählmethoden gleich. Er ist aber geringer, als dies bei den klinisch Gesunden festzustellen ist. Bei den Populationsverhältnissen der Katatonen kommt in 4 von den hier untersuchten 5 Fällen zu den beiden Nervenzellarten noch die nicht kategorisierbare x-Zelle hinzu, die aus beiden hervorgegangen sein kann.

Der Unterschied zwischen den Populationsverhältnissen der klinisch Gesunden und schizophren Erkrankten ist zahlenmäßig nicht allzu groß. Es muß jedoch gesagt werden, daß die **b**-Zelle durch ihren größeren Zellausfall im Erkrankungsfalle anscheinend zugunsten der neuauftretenden x-Zelle prozentual gesehen abnimmt. Der Prozentsatz der **a**-Zellen erhöht sich mit der Treffermethode nur unwesentlich und bleibt bei der Zählmethode sogar konstant.

b) Das Populationsverhältnis der Volumenzelldichte

In Analogie zum numerischen Populationsverhältnis, das aus der Zelldichte und den Zellzahlen der einzelnen Nervenzellarten pro Gesichtsfeld gebildet war, möchten wir hier die Volumenzelldichte in ihren Populationsverhältnissen miteinander vergleichen. Wir hatten oben beim Fall **A 58** festgestellt, daß die numerische Zelldichte und seine Volumenzelldichte sich nicht gleichsinnig verhielten. Bei einer recht großen num. Zelldichte war die Anzahl der Treffer verhältnismäßig gering, so daß wir hieraus schließen müssen, daß der relative Zellreichtum auf Kosten des einzelnen Zellvolumens geht.

Wenn wir nun die Populationsverhältnisse der Volumenzelldichte bestimmen wollen, so setzen wir die Gesamttrefferzahl, die wir in einem Gesichtsfeld (**Md. vm**) erhalten, gleich 100. Die Trefferzahlen der einzelnen Nervenzellarten werden dann als Prozente angegeben. Wir verwenden also nicht den Grauzellkoeffizienten, der uns ja als Maßzahl für die Volumenzelldichte gilt.

Bei den klinisch Gesunden liegen die Volumenzelldichten der Zellart **a** zwischen 32 und 39% der Gesamtvolumenpopulation. Bei den Schizophrenen ist der Schwankungsbereich geringer; er liegt für dieselbe Zellart zwischen

37 und 40%. Aus diesen Zahlenwerten macht sich die Tendenz bemerkbar, daß die Volumenzelldichte der einzelnen Zellarten noch konstanter ist als wir es für die numerische Zelldichte sagen konnten. Außerdem läßt sich aus den Prozentzahlen beider Zellarten noch schließen, daß die Zellart **b** volumenmäßig größer sein muß als die Zellart **a**. Denn bezüglich der num. Zelldichte war im Durchschnitt bei den klinisch Gesunden ein Verhältnis von 42% zu 58%, bei der Volumenzelldichte ist dasselbe 38% zu 60%. Wären beide Zellarten gleich groß, so müßten beide Zahlenverhältnisse dieselben sein.

Der individuelle Schwankungsbereich des Populationsverhältnisses der Volumenzelldichte der Schizophrenen ist dem der klinisch Gesunden gleich. Der prozentuale Volumenanteil der Zellart **a** bei den schizophren Erkrankten hat sich im Durchschnitt nur unwesentlich erhöht; der der Zellart **b** hat sich etwas verringert. Es sieht hier fast so aus, als ob sich die x-Zelle vorwiegend aus der Zellart **b** rekrutiert.

Der prozentuale Anteil der Volumenzelldichte der x-Zellen hat sich gegenüber dem der numerischen Zelldichte um die Hälfte verringert. Diese Volumenverringerung der x-Zelle geht ja auch aus ihrem pathologischen Bild hervor und soll weiter unten noch eingehend diskutiert werden, wenn wir auf die Volumenverhältnisse der einzelnen Zellen zu sprechen kommen.

B. Der Vergleich der Maßzahlen für die einzelnen Nervenzellarten und Gliazellen zwischen klinisch Gesunden und schizophren Erkrankten

Da wir schon bei der Besprechung der Maßzahlen für die Charakterisierung der Struktureigenheiten des **Md. vm** auf Differenzen in der Volumenzelldichte bei den Populationsverhältnissen und auf das verschiedenartige Verhalten im Erkrankungsfalle bei beiden hier vorkommenden Nervenzellarten aufmerksam wurden, soll nun mit Hilfe der von uns gebildeten verschiedenen Koeffizienten jede einzelne Zellart der Zellpopulation des **Md. vm** besprochen werden. Es betrifft die beiden Nervenzellarten **a** und **b**, die Gliazellen und die nicht kategorisierbaren sog. x-Zellen bei den kataton Erkrankten.

Da wir nun zusätzlich bei der Registrierung der Zelltrefferzahlen mit der Haugschen Treffermethode auch die Zellen gezählt haben, von denen wir Treffer erhielten, war es naheliegend, die Zelltreffer pro Zelle auszuwerten. Somit erhalten wir ein relatives Maß für das Volumen einer einzelnen Zelle, weil ja bei einem größeren Zellvolumen eine größere Anzahl von Treffern zu erhalten ist.

1. Die relativen Zell- und Zellkernvolumina der Zellart **a** *des* **Md. vm**

Der individuelle Schwankungsbereich der Zellzahlen dieser Zellart ist bei beiden Vergleichsgruppen etwa gleich groß. Die Zellzahlen pro Gesichtsfeld der einzelnen Fälle zeigen innerhalb ihrer Vergleichsgruppen keine statistisch eindeutigen Unterschiede. Die Häufigkeit ihres Vorkommens hat bei den schizophren Erkrankten, wie wir es auch schon früher eindeutig festgestellt haben, gegenüber der „Norm" abgenommen. Im Falle **Bu 19** erhielten wir die höchste Trefferzahl pro Gesichtsfeld bei den Katatonen, sie liegt aber immer noch unter dem Minimum, das wir bei den klinisch Gesunden fanden. Die durchschnittliche prozentuale Abnahme der num. Zelldichte dieser Nervenzellart beträgt 15%.

Wie die Zellzahlen weisen auch die Zelltreffer innerhalb der Vergleichsgruppen bei den Einzelfällen keine signifikanten Unterschiede auf. Die individuelle Schwankungsbreite ist bei den kataton Erkrankten geringer als bei den klinisch Gesunden. Kein Trefferwert pro Gesichtsfeld ist bei jenen so hoch, daß der als Minimum gefundene Wert der klinisch Gesunden erreicht wird. Die Durchschnittswerte der beiden Vergleichsgruppen können als statistisch gesichert unterschiedlich angesehen werden. Die Trefferzahl der Erkrankten hat um 40% gegenüber dem Durchschnitt der „Norm" abgenommen, während die Abnahme der Zelldichten nur 15% betrug. Bei der Betrachtung des relativen Nervenzellvolumens der *einzelnen Zelle* der Nervenzellart **a**, das ja der Quotient aus den Zelltreffern und der Zellzahl ist, muß festgestellt werden, daß das relative Zellvolumen bei den kataton Erkrankten gegenüber der „Norm" abgenommen hat. Die Abnahme beträgt im Durchschnitt 29%. Die Zellart **a** hat also durchschnittlich durch den Krankheitsprozeß einen Zellsubstanzverlust erlitten, bzw. solche kleineren Zellen können schon anlagemäßig vorhanden gewesen sein. Gegen letztere Annahme sprächen einmal die verschiedenen Stadien der Schwundzelle, wie sie von K.-J. Hempel 1958 beschrieben worden sind, zum anderen auch das Auftreten der sog. x-Zellen und da neben pathologisch veränderten Zellen auch gesunde zu finden waren.

Wir müssen hier betonen, daß die Werte, die wir für die relativen Zellvolumina hier angeben können, Durchschnittswerte aller Zellen der Nervenzellart **a** im **Md. vm** sind, die zufällig im Gesichtsfeld ausgewertet wurden. Ihre möglichen pathologischen Veränderungen wurden hierbei nicht berücksichtigt. Gegenüber der „Norm" zeigt aber der Mittelwert der relativen Zellvolumina jedes einzelnen Falles der kataton Erkrankten eine deutliche Abnahme, wobei in keinem Falle der untere Grenzwert der relativen Zellvolumina der klinisch Gesunden erreicht wurde. Ihre individuelle Schwankungsbreite ist bei den klinisch Gesunden größer als bei den Erkrankten.

Wenn wir bei den relativen Zellvolumina für die einzelnen Fälle innerhalb der vorhandenen Vergleichsgruppen ein recht konstantes Verhalten bei der Zellart **a** feststellen konnten, so müssen wir in bezug auf die relativen Zellkernvolumina sagen, daß dies nicht der Fall ist. Denn der individuelle Schwankungsbereich ist außerordentlich groß; die relativen Kernvolumina schwanken bei klinisch Gesunden bis nahezu 100%. Bei den kataton Erkrankten ist der Schwankungsbereich der relativen Kernvolumina der Zellart **a** nur unwesentlich kleiner. Von einer Konstanz der Zellkernvolumina kann also in keiner der Vergleichsgruppen gesprochen werden, wie dies von seinen Zellvolumina gesagt werden konnte. Die durchschnittlichen Werte sind in beiden Vergleichsgruppen gleich groß. Das Zellkernvolumen der einzelnen Zelle scheint sich bei dieser Zellart nicht nachweisbar verändert zu haben. Auf Grund der Zahl der Zellkerntreffer kann weder zwischen den einzelnen Fällen jeder Vergleichsgruppe noch der Vergleichsgruppen untereinander ein statistisch beweisbarer Unterschied festgestellt werden. Vielleicht kann man aus der großen Variabilität der Zellkernvolumina eine Bestätigung der allgemeinen Annahme ersehen, daß der Zellkern funktionellen Schwankungen unterworfen ist. Um einen Wert für das Kern-Plasma-Verhältnis zu erhalten, haben wir einen Quotienten $\frac{\text{Nervenzellplasmatreffer}}{\text{Nervenzellkerntreffer}}$ gebildet. Dieses entspricht nicht dem von Haug aufgestellten Verhältnis Z/K, weil letzteres das ganze Nervenzellvolumen enthält und dem Zellkernvolumen gegenübergestellt wird, während wir von der Anzahl der Zelltreffer diese der Zellkerntreffer abgezogen haben und somit die reinen Zellplasmatreffer in den Nenner dieses Quotienten stellen konnten. Damit erhalten wir das relative Kernplasmaverhältnis (rel. KP) — relativ insofern, da wir mit dieser Methode ja nicht die absoluten Zell- bzw. Zellkernvolumina bestimmen können, sondern nur „relative".

Wenn eine außerordentlich große Variabilität der relativen Zellkernvolumina festgestellt werden konnte, so ist zu erwarten, daß auch bei diesem Koeffizienten eine recht große individuelle Schwankungsbreite besteht, die diejenige der relativen Zellvolumina übertreffen wird.

Zwischen beiden Vergleichsgruppen läßt sich für den Einzelfall keine statistisch eindeutige Änderung feststellen. Im allgemeinen liegen aber die Werte des relativen Kernplasmaverhältnisses bei den Katatonen unter denen der klinisch Gesunden, was sich besonders in der Abnahme des Durchschnittswertes zeigt. Diese Abnahme müssen wir auch erwarten, denn das relative Zellvolumen hatte im Durchschnitt eine statistisch eindeutige Abnahme für die schizophrenen Fälle gezeigt, wie es auch aus den Konfidenzbereichen der Zelltrefferzahlen zu ersehen ist (**Tabellen 1 u. 2**). Andererseits waren die durchschnittlichen relativen Zellkernvolumina in beiden Vergleichsgruppen gleich geblieben, und auch die Zellkerntrefferzahlen wiesen keine signifikant nachweisbaren Unterschiede auf.

Der Verlust des Zellvolumens ist allein auf einen Schwund des Zellplasmas zurückzuführen. Demnach muß dieser Quotient im Erkrankungsfalle kleiner werden, weil seine Plasmatreffer im Zähler dieses Bruches stehen.

2. *Die relativen Zell- und Zellkernvolumina der Zellart* **b** *des* **Md. vm**

Die Variationsbreite der Zellzahlen pro Gesichtsfeld ist bei der Zellart **b** bei den klinisch Gesunden größer, als dies bei der Zellart **a** des **Md. vm** der Fall ist. Ihr Auftreten im Gewebe ist stets häufiger. Statistisch gesicherte Unterschiede zwischen den einzelnen Fällen der jeweiligen Vergleichsgruppen waren auch bei dieser Zellart nicht festzustellen. Bei allen kataton Erkrankten hat die Zellzahl in jedem Einzelfall gegenüber der durchschnittlichen „Norm" abgenommen. Nur im Falle **Bu 19** wird jedoch das Minimum, welches wir für die klinisch Gesunden feststellten, etwas überschritten, aber sein Wert liegt dennoch unter dem des Durchschnitts der klinisch Gesunden. In unseren früheren Untersuchungen kamen wir zu dem gleichen Ergebnis. Dort zeigte sich auch, daß der Fall **Bu 19** in allen 7 Nuclei des **Md.** durch einen besonders geringen Zellausfall gekennzeichnet war.

Betrachten wir die durchschnittlichen Werte der Zellzahlen der Zellart **b** bei beiden Vergleichsgruppen, so kann gesagt werden, daß bei den Katatonen dieselben um 28% kleiner sind als bei der sogenannten Norm. Dieser Unterschied kann als statistisch sicher angesehen werden.

Wenn eine Abnahme der numerischen Zelldichte auch bei dieser Zellart festzustellen ist, so muß auch die Volumenzelldichte abgenommen haben, falls keine Zellvolumenvergrößerung stattgehabt hat. Die Abnahme der Volumenzelldichte geht eindeutig aus den in **Tabelle 1 u. 2** aufgezeigten Trefferzahlen hervor. Die durchschnittliche Abnahme derselben beträgt sogar 43%; das sind 15% mehr als die Abnahme der numerischen Zelldichte. Außerdem erreicht keine der Trefferzahlen bei den Erkrankten das Minimum derselben, welches für die klinisch Gesunden festzustellen war. Es liegt eine statistisch gesicherte eindeutige Abnahme der Volumenzelldichte bei dieser Zellart vor, die der Zellart **a** annähernd gleich groß ist.

Die Diskrepanz, die zwischen der geringeren Abnahme der numerischen Zelldichte und der größeren der Volumenzelldichte besteht, muß in einem Volumenverlust der einzelnen Zellen zu suchen sein.

Wie aus den relativen Nervenzellvolumina (**Tabelle 6 u. 9**) hervorgeht, ist die polygonale Zelle **b** etwa um $^1/_4$ größer als die spindelförmige Zellart **a**. Die Unterschiedlichkeit zwischen den einzelnen Fällen jeder Vergleichsgruppe in bezug auf die Volumenzelldichte kann als statistisch zufällig angesehen werden. Wie schon bei der Zellart **a** zeichnet sich der **A 58** bei den sogenannten Normalfällen durch eine Kleinheit der Zellvolumina aus. Die durchschnittliche Abnahme des relativen Zellvolumens bei den Katatonen gegenüber der durchschnittlichen „Norm" beträgt 21%. Er ist nur etwas geringer als bei der Zellart **a**. Die individuelle Schwankungsbreite der relativen Nervenzellvolumina ist bei den Erkrankten bedeutend kleiner als bei den klinisch Gesunden.

Vergleicht man die individuellen Schwankungsbreiten beider Zellarten dieses Kernes, so muß man schon aus der Struktur der Zellen im histologischen Bild bei der Zellart **b** eine größere Variabilität erwarten, da ja die Anschnittformen einer polygonal aufgebauten Zelle vielgestaltiger sein können, als dies bei einer Spindelzelle der Fall ist. Aus der Vielgestaltigkeit der Anschnittformen läßt sich die größere Streuungsbreite ihrer Zelltrefferzahlen und auch die größere Variabilität der Volumenzelldichte erklären. Somit ist auch die individuelle Schwankungsbreite bei der Zellart **b** etwas größer als bei der Zellart **a**.

Wenn über die relativen Nervenzellvolumina gesagt werden konnte, daß sich bei beiden Zellarten dieses Nucleus im Erkrankungsfall eine nahezu gleichgroße Zell-Volumenabnahme zeigte, so ist aber ihr Verhalten in bezug auf die relativen Zellkernvolumina ein Verschiedenes. Bei der Zellart **a** waren die Zellkernvolumina in beiden Vergleichsgruppen gleich geblieben. Ihr individueller Schwankungsbereich war recht groß. Bei der Zellart **b** ist auch bei den klinisch Gesunden der Schwankungsbereich der Einzelfälle untereinander von der gleichen Größenordnung. Die Differenzen können zwischen beiden Grenzwerten (**Tabelle 6**) bis zu 100% betragen. Der durchschnittliche Wert des relativen Zellkernvolumens der sogenannten Norm ist nur geringfügig kleiner als der der Zellart **a**. Bei den katatonen Fällen jedoch muß bei dieser polygonalen Zelle **b** eine eindeutige Vergrößerung des relativen Zellkernvolumens festgestellt werden. Sie beträgt im Durchschnitt 52%. Außerdem ist der individuelle Schwankungsbereich der Zellkernvolumina dieser Zellart nicht so groß, wie dies bei den klinisch Gesunden der Fall gewesen ist.

Dieses recht gleichsinnige und einheitliche Verhalten der Zellkerne bei den Katatonen kann man wohl sicherlich mit dem vorliegenden Krankheitsprozeß in Zusammenhang bringen. Diese Zellkernvolumenvergrößerung ist allerdings auch eine Zellveränderung, die durch qualitative Betrachtungsweise nicht festgestellt wurde — ja nicht festzustellen war. Denn bei der mikroskopischen Beobachtung kann man nicht direkt das Zellkernvolumen zu Gesicht bekommen, sondern man kann nur den Durchmesser des Kernes beurteilen. Die Veränderungen des Durchmessers sind aber so klein, daß sie auch bei sorgfältigster Beobachtung nicht festgestellt werden können. Derartige Befunde sind nur mit Hilfe quantitativer Methoden möglich.

Da nun bei dieser Zellart **b** im Erkrankungsfalle sowohl das Nervenzellvolumen abgenommen hat und andererseits das Zellkernvolumen zugenommen hat, können sehr starke Veränderungen des relativen Kernplasma-Verhältnisses gegenüber den klinisch Gesunden erwartet werden.

Dies zeigten auch recht eindeutig die in **Tabelle 6 u. 9** aufgeführten Werte des rel. KP. Die Abnahme des Durchschnittswertes bei den Erkrankten ist groß. Hier sinkt der Quotient von 4,7 bei der „Norm" auf 1,9 im Erkrankungsfalle ab. Außerdem ist der individuelle Schwankungsbereich bei letzteren wesentlich geringer.

Abschließend kann für die beiden Zellarten dieses Griseum festgestellt werden, daß sie im Erkrankungsfalle ein verschiedenartiges Verhalten zeigen. Dies ist in Übereinstimmung mit der Pathoklisenlehre Vogts. Im wesentlichen ist die Aufdeckung dieser Verschiedenartigkeit jedoch nur mit Hilfe der quantitativen Betrachtungsweise möglich geworden. Wenn wir auch schon früher ein differentes Verhalten beider Zellarten des **Md. vm** in bezug auf die Abnahme der numerischen Zelldichte feststellten, so wird es noch eindeutiger bei der quantitativen Auswertung der Volumenverhältnisse (**Abb. 5**). Die relativen Zellvolumina zeigen im Erkrankungsfalle prozentual gesehen etwa die gleiche Abnahme. Verschiedenartig jedoch war die Reaktion ihrer Zellkernvolumina und damit auch ihres Kernplasmaverhältnisses.

3. *Die relativen Zellvolumina der Gliazellen des* **Md. vm**

Die numerische Gliazelldichte und auch ihre Volumenzelldichte wurden schon eingehend unter dem Vergleich der Maßzahlen zur Erfassung der Struktureigenheiten (Seite 441) besprochen. Es soll hier nur noch auf den Vergleich der Gliazellvolumina der einzelnen Zelle zwischen klinisch Gesunden und Katatonen eingegangen werden.

Die einzelnen Arten der Gliazellen wurden hier nicht berücksichtigt. Auch eine Differenzierung zwischen Zelle und Zellkern kann wegen des schmalen Plasmasaums an den Gliazellen nicht vorgenommen werden. Die Aussage über das relative Gliazellvolumen geschieht durch das Verhältnis des Gliazelltreffers, dividiert durch die Anzahl der im Gesichtsfeld getroffenen Gliazellen (rel. GV) (**Tabelle 6 u. 9**).

Wie schon aus dem recht einheitlichen Bau der Gliazellen angenommen werden konnte, ist der individuelle Schwankungsbereich des rel. GV. bei den klinisch Gesunden sehr gering. Auch bei der katatonen Erkrankungsgruppe ist er nicht viel größer. Die durchschnittliche Zunahme der numerischen Gliazelldichte betrug für diesen Nucleus bei den Katatonen 6%. Die Zunahme der Volumenzelldichte ist erheblich größer und beträgt 24%. Die Gliavolumendichte des **Md. vm** hat also weit stärker zugenommen, als dies auf Grund der Erhöhung der numerischen Gliazelldichte angenommen werden konnte. Es muß sich demnach auch das Volumen der einzelnen Gliazelle vergrößert haben. Dies zeigen die in **Tabelle 9** angeführten Werte des rel. GV. Selbst das Minimum des Gliazellvolumens, das für die kataton Erkrankten gefunden wurde, liegt noch über dem oberen Grenzwert, der für die klinisch Gesunden ermittelt werden konnte. Die Durchschnittszahlen der beiden Vergleichsgruppen sind auch statistisch gesichert different. Die Zunahme des Volumens der einzelnen Gliazelle bei den Katatonen beträgt 18%. Für den Einzelfall schwankt die Zunahme zwischen 10 und 25%, wobei eine 10%ige Zunahme des Gliazellvolumens wohl noch nicht als pathologisch angesehen werden kann. Ob die durchschnittlich 18%ige Gliazellvolumenzunahme mit dem katatonen Krankheitsbild in Zusammenhang gebracht werden kann, können wir nicht entscheiden. Immerhin ist bemerkenswert, daß auch Haug (1958) bei seinen Untersuchungen an der Sehrinde eine Vermehrung des relativen Gliavolumens seiner 6 schizophrenen Fälle gegenüber den klinisch Gesunden feststellen konnte.

Eine Ursache für die Zellvolumenvergrößerung überhaupt in der histologischen Technik zu suchen, können wir ausschließen, da alle von uns untersuchten Gehirne gleichartig behandelt worden sind.

Diese Vergrößerung des relativen Gliazellvolumens als eine Gliaproliferation zu bezeichnen, halten wir für nicht adäquat, da ja weder die numerische Gliazellvermehrung — da sie zu gering war — noch die relative Volumenvergrößerung der einzelnen Zelle qualitativ beobachtet werden konnte. Diktiert man der Glia eine trophische Funktion innerhalb des Nervengewebes zu, so wird bei den offensichtlich geschädigten Nervenzellen innerhalb des untersuchten Nucleus diese Veränderung der Glia verständlich. Wir haben neben der leichten absoluten Gliavermehrung durch den gegebenen Nervenzellausfall gegenüber der „Norm" ja noch eine relative Gliavermehrung festzustellen, wenn man annimmt, daß sowohl die numerische Nervenzelldichte wie auch die Volumenzelldichte in einem konstanten Zahlenverhältnis zur Glia stehen. Es bleibt dabei aber ungeklärt, ob diese Volumenvergrößerung der Gliazellen zurückzuführen ist auf ein vermehrtes Auftreten von Makrogliazellen gegenüber der „Norm“ oder durch eine Vergrößerung der normalerweise kleineren Mikrogliazellen. Eine Differenzierung nach den einzelnen Gliazellarten wurde, wie oben schon gesagt, nicht durchgeführt.

4. *Die relativen Zellvolumina der sogenannten x-Zellen*

An dieser Stelle soll nochmals betont werden, daß es sich bei der x-Zelle nicht um eine besondere Nervenzellart handelt, sondern es liegt hier eine so stark pathologisch veränderte Zelle vor, daß eine Zuordnung zu einer der beiden in diesem Nucleus vorhandenen Zellarten nicht möglich war.

Schon bei der qualitativen Beurteilung war der auffällig schmale Plasmasaum bei diesen Zellen das hervorstechende Merkmal. Dies macht sich bei der quantitativen Betrachtung dahingehend bemerkbar, daß auf Grund der geringen Differenz zwischen Zellkerntreffern und Zelltrefferzahlen eine Unterscheidung von Zellkern- und gesamtem Zellvolumen, wie auch bei den Gliazellen, nicht mehr möglich ist.

Ihr relatives Zellvolumen ist größer als das der Gliazellen. Da praktisch nur ihr Zellkernvolumen erfaßt werden kann, soll hier dasselbe mit den Zellkernvolumina der beiden Nervenzellarten, aus denen sie jeweils hervorgegangen sein können, verglichen werden.

Wir hatten festgestellt, daß das durchschnittliche relative Zellkernvolumen der Zellart **a** bei den schizophren Erkrankten sich gegenüber der „Norm“ nicht verändert hatte. Es betrug 0,78. Das der Zellart **b** hatte sich bei den Erkrankten um 52% vergrößert.

Die rel. KV der sogenannten x-Zelle sind noch größer. Ihr individueller Schwankungsbereich ist kleiner als der der klinisch Gesunden. Die prozentuale Zunahme des rel. KV der x-Zelle beträgt gegenüber dem rel. KV der Zellart **a** 127%, gegenüber dem der Zellart **b** bei klinisch Gesunden um 150% und den Katatonen der gleichen Zellart um 65%.

Dieser letztgenannte kleinere Wert ist dadurch bedingt, daß die Zellkernvolumina der Zellart **b** sich im Erkrankungsfalle vergrößert haben. Der Prozeß des Schwundes des Nervenzellvolumens — bei gleichzeitiger Vergrößerung des Zellkernvolumens, wie er bei der Zellart **b** bei der katatonen Erkrankungsgruppe festgestellt werden kann — ist bei der sogenannten x-Zelle bis zu einem Stadium fortgeschritten, bei dem der Zelleib nur noch als schwacher Plasmasaum um den Zellkern erkennbar ist und durch die Treffermethode quantitativ nicht mehr erfaßt werden kann. Das relative Zellkernvolumen hat sich somit noch weiter vergrößert.

Hiermit glauben wir den Prozeß der Schwundzellveränderungen auch quantitativ beweisen zu können, da sie einen Großteil der festgestellten pathologischen Zellveränderungen ausmachen, wobei allerdings, da es sich um Durchschnittswerte handelt, Veränderungen anderer Art enthalten sein können (alveolarer Zelluntergang b, Schrumpfzelle, usw.).

Bei der x-Zelle spielen sich demnach hier zwei gleichzeitige Prozesse in der Zelle ab. Einmal handelt es sich um die Verkleinerung des Zellvolumens, die auch qualitativ zu beobachten ist und die Namensgebung dieser pathologischen Veränderung bewirkt hat, und zum anderen ist eine Vergrößerung der Zellkernvolumina festzustellen, die einer qualitativen Beobachtung nicht zugänglich ist.

V. Zusammenfassung

Es wurden 5 linke Hemisphären klinisch Gesunder und 5 linke Hemisphären kataton Erkrankter ohne Schocktherapie für die Untersuchung des ventro-medialen Nucleus im Supranucleus medialis-dorsalis thalami beim Menschen herangezogen. Mit der Haugschen Treffermethode wurden die relativen Volumenverhältnisse der Zellpopulation dieses Nucleus geklärt.

Dabei betrachteten wir nicht nur die Struktureigenheiten, wie das mit den von Haug gebildeten Koeffizienten möglich ist, sondern darüber hinaus auch die Volumenverhältnisse der *einzelnen* Nervenzellarten, indem wir neue Quotienten aus unserem statistisch gesicherten Zahlenmaterial bildeten.

Im einzelnen konnte festgestellt werden:

1. Die numerische Nervenzelldichte hat normalerweise einen individuellen Schwankungsbereich von $\pm 10\%$. Bei den Katatonen hat dieselbe gegenüber der sogenannten Norm im Durchschnitt um 20% abgenommen.
2. Die Zunahme der numerischen Gliazelldichte bei den erkrankten Gehirnen betrug im Durchschnitt 6%.
3. Der numerische Gliazell-Nervenzell-Koeffizient, mit dem sowohl die Abnahme der Nervenzelldichte wie auch die Zunahme der Gliazelldichte in einer Zahl erfaßt wird, erfährt eine Erhöhung bei den Katatonen im Durchschnitt von 30% gegenüber den klinisch Gesunden.
4. Die Volumenzelldichte wird durch den Grauzellkoeffizienten ausgedrückt. Die Grauzellkoeffizienten liegen bei den Katatonen und klinisch Gesunden jeweils innerhalb der Vergleichsgruppen dicht beieinander. Sie sind jedoch für die Vergleichsgruppen eindeutig unterschiedlich. Auf Grund der Trefferzahlen muß eine 40prozentige Abnahme der Volumenzelldichte festgestellt werden (die Abnahme der numerischen Zelldichte betrug 20%).
5. Der Gliazellkoeffizient, der die Gliazellvolumendichte innerhalb des **Md.vm** charakterisiert, hat auf Grund der Trefferzahlen bei den Katatonen eine 24prozentige Erhöhung erfahren (numerische Zunahme der Zelldichte: 6%).
6. Durch den relativen Gliazell-Nervenzell-Volumenkoeffizient können die relativen Volumenveränderungen sowohl der Nervenzellen wie auch der Gliazellen dieses Nucleus in einer Zahl erfaßt werden. Er erfährt bei den kataton Erkrankten eine durchschnittlich 100prozentige Zunahme gegenüber den klinisch Gesunden.
7. Das relative Nervenzellvolumen der Nervenzellart **a** nimmt bei den kataton Erkrankten auf Grund der Trefferzahlen im Durchschnitt um 43%

ab, während die Abnahme der numerischen Zelldichte 15% betrug. Für die einzelne Zelle muß eine 28prozentige Volumenabnahme angenommen werden (Durchschnittswert). Ähnliche Zahlenwerte gelten in etwa für die Nervenzellart **b**.

8. Die relativen Zellkernvolumina der Nervenzellart **a** sind gegenüber der „Norm" bei den Katatonen gleich geblieben. Der individuelle Schwankungsbereich ist groß; er kann bis nahezu 100% betragen. Dies kann als Ausdruck seiner funktionellen Tätigkeit gewertet werden.
   Bei der Nervenzellart **b** ist der individuelle Schwankungsbereich bei den klinisch Gesunden von der gleichen Größenordnung. Bei den kataton Erkrankten ist eine Zunahme des relativen Zellkernvolumens bei der Nervenzellart **b** um 52% festzustellen. Außerdem ist in dieser Vergleichsgruppe der individuelle Schwankungsbereich kleiner als bei den klinisch Gesunden. Diese Veränderungen der Zellkernvolumina sind qualitativ nicht zu erfassen, da der Größenbereich dieser Veränderungen so gering ist, daß es sich der Beobachtung des Auges entzieht.
9. Der individuelle Schwankungsbereich der relativen Gliazellvolumina und auch seine Streuungen sind gering. Gegenüber den klinisch Gesunden hat das Volumen der Gliazellen bei den Katatonen auf Grund der Trefferzahlen um 24% zugenommen. Die numerische Zunahme der Gliazelldichte betrug nur 6%. Das Volumen der einzelnen Gliazellen hat sich also bei den Katatonen um 18% erhöht.
10. Bei der sog. x-Zelle — die als so stark pathologisch veränderte Zelle auftritt, daß eine Zuordnung in eine der beiden in diesem Nucleus vorkommenden Nervenzellarten nicht mehr möglich ist — kann zwischen den relativen Zellkernvolumina und relativen Zellvolumina auf Grund der Trefferzahlen keine sichere Unterscheidung vorgenommen werden, so daß in der quantitativen Betrachtungsweise nur noch das Zellkernvolumen beurteilt werden kann.
    Seine Zunahme beträgt gegenüber dem der Nervenzellart **a** bei den schizophren Erkrankten 127% und dem der Nervenzellart **b** 65%.
11. Die sog. x-Zelle gehört auch in das γ-Stadium (K.-J. Hempel 1958) der sog. Schwundzelle. Auf Grund der quantitativen Analyse muß eine Abnahme des relativen Zellvolumens und eine Zunahme des relativen Zellkernvolumens festgestellt werden.
12. Die Maßzahlen, die zur Charakterisierung der numerischen Zelldichten-Veränderungen mit dieser Methode gewonnen wurden, zeigen die gleichen Ergebnisse, wie sie schon auf Grund der Bestimmung derselben mittels der von uns früher angewandten Zählmethode bestimmt werden konnten.

VI. Literaturverzeichnis

1. Agduhr, E., Beitrag zur Technik für die Bestimmung der Anzahl der Nervenzellen je Volumeneinheit Gewebe. Anat. Anz. **91**, 70 (1941). — 2. Amelung, E., Beziehungen zwischen den Volumina der Zelle und dem Volumen der Pflanzenorgane. Diss. Würzburg, 1893. — 3. Bäumer, H., Veränderungen des Thalamus bei Schizo-

phrenie. J. f. Hirnforsch. **1**, 156 (1954). — 4. Bethe, M., Zahl- und Maßverhältnisse der Erythrozyten. Diss. Straßburg 1891. — 5. v. Bonin G., The isocortex of Tarsius. J. Comp. Neur. **95**, 387 (1951). — 6. Chalkley, H. W., Method for the quantitative morphologic analysis of tissue. J. Nat. Canc. I. st. **4**, 47 (1943). — v. Economo, G. und Koskinas, G. N., Die Zytoarchitektonik der Hirnrinde des Menschen. Berlin und Wien: Springer 1925. — 8. Ferrero, C., Le champ frontal granulaire magnocellulaire de l'écorcec érébrale. Schw. Arch. Neur. **59**, 41 (1947). — 9. Haug, H., Der Grauzellkoeffizient des Stirnhirnes der Mammalia in einer phylogenetischen Betrachtung I. Teil. Acta anat. **19**, 60 (1953). — 10. Haug, H., Die Treffermethode, ein Verfahren zur quantitativen Analyse im histologischen Schnitt. Z. f. Anat. **118**, 302 (1955). — 11. Haug, H., Der Grauzellkoeffizient der primären sensorischen Hirnrinde des Menschen. Anat. Anz. **102**, 385 (1956). — 12. Haug, H., Remarks on the determination and significance of the gray cell coefficient. J. Comp. Neur. **104**, 473 (1956). — 13. Haug, H., Quantitative Untersuchungen an der Sehrinde. Georg Thieme, Stuttgart 1958. — 14. Haug, H., Die Zelldichte und ihre Bedeutung für die Hirnrinde und ihre Areale. Dt. Z. Nervenheilkde. **178**, 648 (1959). — 15. Haug, H. und Rebhahn, I., Der Grauzellkoeffizient der menschlichen Hirnrinde nach dem Zahlenmaterial von v. Economo. Acta Anat. **28**, 259 (1956). — 16. Hempel, K.-J., Histopathologische Untersuchungen am Supranucleus medialis-dorsalis thalami bei Schizophrenie. J. f. Hirnforsch. **4**, 206 (1958). — 17. Hempel, K.-J. und Treff, W. M., Quantitativ-morphologische Untersuchungen am Supranucleus medialis-dorsalis thalami. J. f. Hirnforsch. **4**, 149 (1958). — 18. Hempel, K.-J. und Treff, W. M., Die Gliazelldichte bei klinisch Gesunden und Schizophrenen. J. f. Hirnforsch. **4**, 371 (1959). — 19. Hertwig, G., Der volumetrische Nachweis von Verdopplungs- und Zwischenklassen an den Zellkernen des Zentralnervensystems des Menschen. Z. Mikro. Anat. Forsch. **51**, 87 (1942). — 20. Hertwig, R., Über Korrelation von Zell- und Kerngröße und ihre Bedeutung für die geschlechtliche Differenzierung und die Teilung der Zelle. Biol. Zbl. **23**, 49 (1903). — 21. Hintzsche, E., Statistische Probleme aus der Kerngrößenforschung. Experientia (Basel) **1**, 103 (1945). — 22. Hintzsche, E., Über Normalkurven der Kerngrößenverteilung. Mittlg. Naturforsch. Ges. Bern N. F. **4**, 19 (1946). — 23. Hintzsche, E., Biologische Statistik durch materialgerechte Klasseneinteilung. Schw. Z. Volksw. u. Statistik **82**, 29 (1946). — 24. Hopf, A., Orientierende Untersuchung zur Frage patho-anatomischer Veränderungen im Pallidum und Striatum bei Schizophrenie, J. Hirnforsch. **1**, 96 (1954). — 25. Jakobj, W., Über das rhythmische Wachstum der Zellen durch Verdopplung ihres Volumens. Arch. f. Entwmech. **106**, 12% (1925). — 26. Jakobj, W., Die Bedeutung von Maß und Zahl im Leben der Zelle. Naturwiss. Rundsch. **2**, 354 (1949). — 27. Kölliker, A. und Ebner, v. V., in Handb. der Gewebelehre des Menschen VI. Aufl. Leipzig, Wilh. Engelmann 1902. — 28. Mayer, O., Mikrometrische Untersuchungen über Zelldichtigkeit der Großhirnrinde bei den Affen. J. Psych. Neur. **19**, 232 (1912). — 29. Namba, M., Über die feineren Strukturen des medio-dorsalen Supranucleus und der Lamella medialis des Thalamus beim Menschen. J. Hirnforsch. **4**, 1 (1958). — 30. Shariff, G. A., Cell counts in the primate cerebral cortex. J. Comp. Neur. **98**, 382 (1953). — 31. Treff, W. M. und K.-J. Hempel, Die Zelldichte bei Schizophrenen und klinisch Gesunden. J. f. Hirnforsch. **4**, 314 (1958). — 32. Vogt, O., Der Begriff der Pathoklise. J. Psych. Neur. **31**, 245 1925). — 33. Vogt, O., Biologische Grundanschauungen. Zugleich eine Basis für die Kritik anatomischer Hirnveränderungen bei Schizophrenen. Ärztl. Forsch. **3**, 121 (1949).

FSC
www.fsc.org
MIX
Papier | Fördert gute Waldnutzung
FSC® C083411

Zeitfracht Medien GmbH
Ferdinand-Jühlke-Straße 7
99095 Erfurt, Deutschland
produktsicherheit@kolibri360.de